Wie das Gehirn denkt

William H. Calvin

Wie das Gehirn denkt

Die Evolution der Intelligenz

Aus dem Englischen übersetzt
von Monika Niehaus-Osterloh

Spektrum Akademischer Verlag   Heidelberg · Berlin

Originaltitel: How Brains Think
Aus dem Englischen übersetzt von Monika Niehaus-Osterloh

Englische Originalausgabe bei Orion Publishing Group Ltd.
Amerikanische Originalausgabe bei Basic Books.
© 1996 William H. Calvin

Die Deutsche Bibliothek – CIP-Einheitsaufnahme

Calvin, William H.:
Wie das Gehirn denkt / William H. Calvin. Aus dem Engl. übers. von Monika Niehaus-
Osterloh. – Heidelberg ; Berlin : Spektrum, Akad. Verl., 1998
  Einheitssacht.: How brains think <dt.>
  ISBN 3-8274-0240-9

© 1998 Spektrum Akademischer Verlag GmbH Heidelberg · Berlin

Englischsprachige Informationen über den Autor, seine Forschungen und seine Bücher
findet man unter folgenden Internet-Adressen:
http://WilliamCalvin.com
http://weber.u.washington.edu/~wcalvin

Ergänzungen zu diesem Buch:
http://WilliamCalvin.com/bk8.html

Titelbild: Wassily Kandinsky, *Gelb-Rot-Blau, März – Mai 1925,* HK 314.
MNAM/CCI, Centre Georges Pompidou, Paris.

Lektorat: Frank Wigger, Martina Mechler (Ass.)
Redaktion: Susanne Warmuth
Produktion: Brigitte Trageser
Umschlaggestaltung: Zembsch' Werkstatt, München
Druck und Verarbeitung: Franz Spiegel Buch GmbH, Ulm

Meinem verstorbenen Freund,
dem Futurologen Thomas F. Mandel (1946–1995), gewidmet,
dessen Meme weiterleben.

Inhalt

Danksagung

Die hilfreichen Diskussionen, die ich mit Derek Bickerton, Iain Davidson, Daniel C. Dennett, Stephen Jay Gould, Katherine Graubard (die den englischen Titel des Buches, *How Brains Think*, vorschlug), Marcel Kinsbourne, Elizabeth Loftus, Jennifer Lund, Don Michael, George Ojemann, Duane Rumbaugh, Sue Savage-Rumbaugh, Mark Sullivan und dem verstorbenen Jan Wind führte, haben an vielen Stellen im Buch ihren Niederschlag gefunden. Bonnie Hurren wies mich freundlicherweise auf Piagets Definition der Intelligenz hin.

Die Redakteure von *Scientific American*, John Rennie, Jonathan Piel und Michelle Press, haben mir viel Unterstützung gewährt (eine Kurzversion meiner Vorstellungen zur Intelligenz ist im *Scientific American*-Sonderheft *Life in the Universe* vom Oktober 1994 (deutsch: *Leben und Kosmos*, Spektrum der Wissenschaft Spezial 3) erschienen; modifizierte Passagen daraus finden sich vereinzelt in diesem Buch); gleiches gilt für Howard Rheingold vom *Whole Earth Review* (der letzte Teil des letzten Kapitels erschien in der Winterausgabe 1993).

Zu den anderen, denen ich für ihre redaktionellen Vorschläge danken möchte, gehören Lynn Basa, Hoover Chan, Lena Diethelm, Dan Downs, Seymour Graubard, die verstorbene Kathleen Johnston aus San Francisco, Fritz Newmeyer, Paolo Pignatelli, Doug vanderHoof, Doug Yanega und The WELL's Writers Conference.

Blanche Graubard redigierte wie gewöhnlich das Buch, bevor es auf den Tisch des Verlegers kam, und ich habe wieder einmal von ihrem gesunden Menschenverstand und ihrem Stilgefühl profitiert. Jeremiah Lyons und Sara Lippincott übernahmen die Redaktion des Buches für die *Science Masters*-Reihe und machten viele ausgezeichnete Vorschläge für die Überarbeitung.

1

Was soll ich als nächstes tun?

Es ist völlig richtig, wenn Philosophen sagen, daß man das Leben rückwärts verstehen müsse. Aber sie vergessen den anderen Lehrsatz, nach dem man es vorwärts leben muß.

SÖREN KIERKEGAARD, 1843

Jedes Lebewesen mit einem komplexen Nervensystem steht von Augenblick zu Augenblick immer wieder der Frage gegenüber, die das Leben ihm stellt: Was soll ich als nächstes tun?

SUE SAVAGE-RUMBAUGH und ROGER LEWIN, 1994

Nach Piaget ist Intelligenz das, was Sie benutzen, wenn Sie nicht wissen, was Sie tun sollen (eine treffende Beschreibung meiner gegenwärtigen mißlichen Lage, während ich versuche, über Intelligenz zu schreiben). Wenn es Ihnen gelingt, die eine richtige Antwort auf die Multiple-Choice-Fragen des Lebens zu finden, dann sind Sie *schlau*. Aber *Intelligenz* verlangt mehr – einen kreativen Aspekt, durch den Sie sozusagen „im Vorübergehen" etwas Neues erfinden. Tatsächlich fallen Ihrem Gehirn verschiedene Antworten ein, von denen einige besser sind als andere.

Jedesmal, wenn wir die Reste im Kühlschrank betrachten und uns überlegen, was noch für das Abendessen eingekauft werden muß, praktizieren wir einen Aspekt der Intelligenz, den man selbst beim schlauesten Affen nicht findet. Die Spitzenköche überraschen uns mit neuen Kreationen – Zusammenstellungen verschiedener Zutaten, von denen wir normalerweise niemals dächten, sie könnten „zueinander passen". Dichter haben eine besondere Gabe, Wörter auf eine Art und Weise anzuordnen, die uns in ihrer Eindringlichkeit überwältigt. Doch wir alle schaffen jeden Tag mehrere hundert Male völlig neue Formulierungen; wir rekombinieren Wörter und Gesten, um eine neue Botschaft zu vermitteln. Wann immer Sie dazu anheben, einen Satz auszusprechen, den Sie noch nie zuvor ausgesprochen haben, stehen Sie vor demselben kreativen Problem wie die Köche und Poeten – und überdies spielt sich der gesamte Prozeß von Versuch und Irrtum im Inneren Ihres Gehirns ab, in der letzten Sekunde, bevor Sie laut zu sprechen beginnen.

Wir waren in letzter Zeit recht erfolgreich bei der Suche nach dem Sitz von Sprache im Gehirn. Verben entdecken wir häufig im Vorderlappen (Frontallappen) der Großhirnrinde. Eigennamen bevorzugen aus irgendeinem Grund den Schläfen- oder Temporallappen (genauer gesagt, sein Vorderende; Farb- und Werkzeugkonzepte findet man vornehmlich im hinteren Teil des linken Schläfenlappens). Aber Intelligenz ist ein Vorgang, kein Ort. Es geht dabei um Improvisation und den Reiz, ein veränderliches Ziel zu treffen. An dieser Art des Vorgehens sind viele Hirnregionen beteiligt, mit deren Hilfe wir, oftmals „bewußt", nach neuen Bedeutungen tasten.

Wissenschaftler, die häufiger über Intelligenz schreiben, wie zum Beispiel IQ-Forscher, umschiffen den Begriff „Bewußtsein" gerne. Viele meiner Kollegen unter den Neurowissenschaftlern vermeiden es ebenfalls, von Bewußtsein zu sprechen (während einige Physiker leider nur allzu rasch bereit waren, dieses Vakuum mit Anfängerfehlern zu füllen). Einige Kliniker trivialisieren den Begriff unabsichtlich, indem sie Bewußtsein lediglich als Wachheit oder Wachbewußtsein (*arousal*) definieren (vom Stammhirn als dem Sitz des Bewußtseins zu reden, heißt allerdings, den Lichtschalter mit dem Licht zu verwechseln!). Oder wir definieren Bewußtsein noch anders: als bloße Bewußtheit im Sinne von Kenntnisnahme (*awareness*) oder als den „Suchscheinwerfer" der selektiven Aufmerksamkeit (*selective attention*).

All das sind nützliche Ansatzpunkte, aber sie lassen den Mechanismus Ihres geistigen Lebens unberücksichtigt, durch den Sie sich gewissermaßen selbst erschaffen – und verändern und wieder neu erstehen lassen. Ihr intelligentes geistiges Leben ist ein fluktuierendes Abbild Ihrer inneren und äußeren Welten. Es unterliegt zum Teil Ihrer Kontrolle, teilweise entzieht es sich Ihrer Selbstbetrachtung aber auch (jede Nacht, während Ihrer vier oder fünf Traumphasen, gerät es fast völlig außer Kontrolle). Dieses Buch versucht auszuloten, wie sich dieses Innenleben von einer Sekunde zur nächsten entwickelt, während Sie von einem Thema zum anderen übergehen, um Alternativen zu entwerfen und zu verwerfen. Es stützt sich dabei auf Intelligenzuntersuchungen von Psychologen, aber mehr noch auf ethologische, evolutionsbiologische, linguistische und neurowissenschaftliche Erkenntnisse.

In der Vergangenheit gab es einige gute Gründe, eine umfassende Diskussion über Bewußtsein und Intellekt zu vermeiden. Besonders dann, wenn Erklärungen auf mechanistischer Ebene nicht weiterführten, war es eine beliebte Taktik in der Wissenschaft, das jeweilige Problem in Häppchen zu zerlegen. Das ist auch in diesem Fall geschehen.

Ein zweiter Grund lag in dem Bemühen, Schwierigkeiten aus dem Weg zu gehen, indem man die eigentlichen Kernpunkte allen Nichteingeweihten gegenüber verschleierte (sich also die Möglichkeit zu Dementis offenhielt, wie man im modernen

Sprachgebrauch sagen würde). Immer wenn ich auf Wörter treffe, die eine alltägliche Bedeutung, aber auch eine sehr viel spezifischere, nur von Insidergruppen benutzte Nebenbedeutung haben, fühle ich mich an Codenamen erinnert. Vor mehreren Jahrhunderten konnte Sie eine unverhüllte mechanistische Analogie zum Begriff „Geist" (*mind*) selbst im relativ toleranten Westeuropa in ernste Schwierigkeiten bringen. Zugegebenermaßen sprach der französische Arzt und Philosoph Julien Offroy de La Mettrie (1709–1751) eine solche Provokation nicht nur beiläufig aus: Er veröffentlichte nämlich ein Pamphlet, in dem er über menschliche Gefühle schrieb, als seien sie den Antriebsfedern im Inneren einer Maschine analog.

Das war 1747; im Jahr zuvor hatte La Mettrie aus Frankreich nach Amsterdam fliehen müssen. Er hatte ein Buch mit dem Titel „Die Naturgeschichte der Seele" geschrieben, und das Pariser Parlament mißbilligte dieses Werk so sehr, daß es alle Kopien zu verbrennen befahl.

Diesmal war La Mettrie so vorsichtig, sein Buch *L'homme machine* (deutsch: *Der Mensch eine Maschine*) anonym zu veröffentlichen. Die Niederländer, die als das toleranteste Volk in ganz Europa galten, waren entsetzt und versuchten nachdrücklich, den Autor dieses Machwerks ausfindig zu machen. Fast wäre es ihnen gelungen, und so mußte La Mettrie ein zweites Mal fliehen – diesmal nach Berlin, wo er vier Jahre später, im Alter von 42 Jahren, starb.

Obgleich er seiner Zeit zweifellos voraus war, hat La Mettrie die Maschinenmetapher nicht erfunden. Sie wird gewöhnlich René Descartes (1596–1650) zugeschrieben, der sie ein Jahrhundert zuvor in seinem *De Homine* (deutsch: *Über den Menschen*) gebrauchte. Er kam ebenfalls aus seinem Geburtsland Frankreich nach Amsterdam, etwa um die gleiche Zeit, in der Galilei wegen der wissenschaftlichen Methodik als solcher

Schwierigkeiten mit dem Vatikan bekam. Descartes mußte nicht in die Niederlande fliehen wie La Mettrie; er war gewissermaßen so vorsichtig, sein Buch erst zu publizieren, als er bereits ein Dutzend Jahre sicher unter der Erde lag.

Descartes und seine Nachfolger versuchten keineswegs, den Geist völlig zu verbannen; tatsächlich war es sogar eines ihrer Hauptanliegen, den „Sitz der Seele" im Gehirn genau zu lokalisieren. Dieses Unterfangen setzte eine scholastische Tradition fort, die sich auf die großen Reservoire der Cerebrospinalflüssigkeit innerhalb des Gehirns konzentrierte, auf die sogenannten Hirnventrikel. Vor 500 Jahren nahmen religiöse Gelehrte an, daß diese Kammern die Untereinheiten der Seele beherbergten: das Gedächtnis in der einen, Phantasie, gesunden Menschenverstand und Vorstellungskraft in einer anderen, rationales Denken und Urteilskraft in einer dritten. Wie die Flasche, in deren Inneren ein Flaschengeist haust, sollten die Hirnkammern den menschlichen Geist enthalten. Descartes dagegen dachte, die Epiphyse (Zirbeldrüse) sei ein besserer Ort für die Kommandozentrale, und zwar deshalb, weil sie zu den wenigen unpaaren Hirnstrukturen zählt.

Obgleich es theokratische Länder gibt, wo der Gebrauch von Codewörtern noch immer angebracht sein könnte, reagieren wir heute, am *fin de millennium*, im allgemeinen gelassener, wenn es um Maschinenmetaphern für den Geist geht. Wir können es sogar zum Prinzip erheben, jede Analogie zwischen Geist und Maschine in Zweifel zu ziehen. Der Geist, so wird dabei argumentiert, ist kreativ und unvorhersagbar, die Maschinen, die wir kennen, sind hingegen phantasielos, aber zuverlässig – daher erscheint der Vergleich mit Maschinen, wie zum Beispiel dem Computer, zunächst einmal unsinnig.

Einverstanden! Aber was Descartes gezeigt hat, ist, daß es nützlich sein kann, so über das Gehirn zu sprechen, als *wäre* es eine Maschine. Man kann auf diese Weise Fortschritte machen, indem man die vielen Schichten der Zwiebel eine nach der anderen abschält. Selbst wenn sich im Inneren unter den Hüllen „noch irgendetwas" verbergen sollte, geht der Wissenschaftler versuchsweise davon aus, daß es nichts grundsätzlich *Unerkennbares* ist, um anschließend die alternativen Erklärungsmöglichkeiten zu prüfen. Diese wissenschaftliche Vorgehensweise – nicht zu verwechseln mit einer wissenschaftlichen Schlußfolgerung – hat die Art und Weise revolutioniert, in der wir uns selbst sehen.

Den mechanistischen Ansätzen zur Erklärung des Geistes fehlte lange Zeit ein wesentlicher Bestandteil: quasi ein Münchhausen-Mechanismus, um sich am eigenen Zopf aus dem Sumpf zu ziehen, oder genauer ein Selbstorganisationsmechanismus. Wir sind an die Vorstellung gewöhnt, daß ein komplexes Gerät wie eine Uhr einen noch komplexeren Uhrmacher voraussetzt. Das entspricht dem gesunden Menschenverstand – genau wie die aristotelische Physik (obgleich sie falsch ist).

Aber seit Darwin wissen wir, daß komplexe Dinge auch aus *einfacheren* Ursprüngen erwachsen können (sich tatsächlich selbst organisieren können). Doch wie der Philosoph Daniel Dennett im Vorwort zu seinem Buch *Darwins gefährliches Erbe* schreibt, können sich selbst hochgebildete Leute bei derartigen Selbstorganisationsmechanismen unwohl fühlen:

»Darwins Theorie der Evolution durch natürliche Selektion hat mich schon immer fasziniert, doch im Laufe der Jahre habe ich verblüffend viele unterschiedliche Denker kennengelernt, die im Zusammenhang mit dieser großartigen Idee ihr Unbehagen nicht verhehlen können. Das geht von nörgelnder Skepsis bis zu unverblümter Ablehnung. Wie ich feststellen mußte, wäre es nicht nur vielen

Laien und religiösen Denkern, sondern auch weltlichen Philosophen, Psychologen, Physikern und sogar Biologen anscheinend lieber, wenn Darwin unrecht hätte.«

Aber nicht alle. Nur ein Dutzend Jahre nach Veröffentlichung von *On the Origin of Species* (deutsch: *Über die Entstehung der Arten*, 1860) schrieb der Psychologe William James Briefe an seine Freunde, in denen er die Ansicht vertrat, Denken erfordere einen darwinistischen Prozeß im Geist. Mehr als ein Jahrhundert später beginnen wir gerade erst damit, dieser Idee nachzugehen und für darwinistische Prozesse geeignete Hirnmechanismen zu erforschen. Seit mehreren Jahrzehnten sprechen wir bereits vom selektiven Überleben überzähliger Synapsen. Und das ist nur eine Schmalspurversion des Darwinismus, vergleichbar einem groben Holzschnitt. Inzwischen sehen wir auch Gehirnverschaltungen, die den gesamten darwinistischen Prozeß steuern könnten – wahrscheinlich sogar in den zeitlichen Dimensionen des Bewußtseins, deren Spanne von Millisekunden bis Minuten reicht.

In dieser Version des Darwinismus, in der das Unwahrscheinliche Gestalt annimmt, werden viele Kopien bestimmter cerebraler Impulsmuster erzeugt, wobei sich die Kopien geringfügig voneinander unterscheiden; anschließend läßt man diese Varianten um die Vorherrschaft in einem Arbeitsbereich wettstreiten (genauso wie verschiedene Grasarten um Platz in meinem Hinterhof konkurrieren). Der Ausgang des Wettstreits wird davon beeinflußt, wie gut diese räumlich-zeitlichen Impulsmuster mit den „Bodenwellen und Spurrillen auf der Straße" mitschwingen – den erinnerten Mustern, die in den synaptischen „Verbindungsstärken", das heißt in der unterschiedlichen Effizienz der synaptischen Übertragung, gespeichert sind. Solche Darwin-Maschinen sind, wie Sie noch sehen werden, ein Lieblingsthema von mir, aber lassen Sie uns zunächst einmal eine Vorstellung davon gewinnen, was Intelligenz eigentlich ist – und was nicht.

Eine nützliche Strategie, um Intelligenz zu erforschen, eine, die unausgereifte Definitionen verhindert, ist die journalistische *Wer-Was-Wo-Wann-Warum-Wie*-Checkliste. Ich möchte damit beginnen, zu konkretisieren, *was* Intelligenz ausmacht und *wann* Intelligenz notwendig ist – einfach deshalb, weil der Begriff auf so viele Arten und Weisen verwendet wird, daß man wie beim Bewußtsein leicht aneinander vorbeireden kann. Den Begriff „Intelligenz" ein wenig einzuengen, ohne dabei gleich das Kind mit dem Bade auszuschütten, ist das Ziel des nächsten Kapitels; anschließend möchte ich auf verschiedene Erklärungsebenen und auf die Konfusionen im Zusammenhang mit dem Begriff „Bewußtsein" eingehen.

Wenn man den evolutionären *Warum*-Aspekt der Intelligenz untersucht, ist ein wenig Eiszeitperspektive ganz wichtig, besonders dann, wenn wir über unsere hominiden Vorfahren diskutieren wollen. Die Küste von Alaska ist der beste Ort, um die Eiszeit heute noch *live* zu erleben; die etwa 80 Kilometer lange Glacier Bay war noch vor 200 Jahren völlig vereist. Heute gibt es dort allerdings genug Seehunde, Kajaks und Kreuzfahrtschiffe, um Verkehrsstaus hervorzurufen. Im Zusammenhang mit der Glacier Bay will ich die Frage aufwerfen, wie es möglich war, daß sich Allround-Eigenschaften entwickelten, wenn uns Leistungsanalysen doch sagen, daß ein stromlinienförmiger Spezialist (die nette kleine Hochleistungsmaschine, die die Ökonomen so lieben) in jedem gegebenen Klima besser zurechtkommt. Die kurze Antwort? Ändern Sie das Klima ständig abrupt und unvorhersehbar, so daß die Spezialisten in die Röhre gucken.

Im fünften Kapitel werde ich die mentale Maschine diskutieren, die man benötigt, um Sätze, die so kompliziert sind, daß sie eine Syntax erfordern, grammatikalisch zu analysieren. Viele Wissenschaftler, darunter auch ich, vermuten, daß die geradezu explosionsartige Zunahme der Intelligenz im Verlauf der Hominidenevolution von denjenigen logischen Strukturen angetrieben wurde, die man für eine grammmatikalische Sprache benötigt (und die auch für andere Zwecke nützlich sind). Schimpansen und Bonobos (diese „Zwergschimpansen" unterscheiden sich deutlich von ihren größeren Verwandten; sie werden heute mit dem Namen bezeichnet, den die Einheimischen einst benutzt haben sollen) liefern einige wichtige Hinweise auf die Rolle der Sprache bei der Entwicklung von Intelligenz und Bewußtsein. Steine und Knochen sind alles, was uns von unseren Vorfahren geblieben ist, aber unsere entfernten Vettern zeigen uns, wie deren Verhalten ausgesehen haben könnte.

Das sechste Kapitel nimmt sich des Problems von konvergentem und divergentem Denken im Darwinschen Kontext an. Kleine Neurobiologentreffen, wie dasjenige, das ich kürzlich in Monterey Bay besuchte, illustrieren sicherlich konvergentes Denken – all diese Spezialisten, die der einen richtigen Antwort nachspüren, nun da sich die Suche nach den Mechanismen des Gedächtnisses mehr und mehr einengt. Aber divergentes Denken ist das, was schöpferische Menschen brauchen, um eine wissenschaftliche Theorie zu entdecken oder um ein Gedicht zu schreiben oder (auf einem irdischeren Niveau) um sich all die falschen Antworten für Multiple-Choice-Examina auszudenken, in denen konvergentes Denken getestet werden soll. Wann immer ein Neurowissenschaftler bei einem Vortrag eine Erklärung für einen Mechanismus zur Gedächtnisspeicherung vorschlägt, setzen die Zuhörer sofort mehrere alternative Erklärungen dagegen – Erklärungen, die sie sich an Ort und Stelle durch divergentes Denken ausgedacht haben. Wie also formen wir einen neuen Gedanken zu etwas Qualitativem, ohne das Äquivalent

der führenden Hand, die einen Tonklumpen zu einen Gefäß
formt? Die Antwort liegt vielleicht im Titel des sechsten Kapitels, „Evolution im Handumdrehen". Derselbe darwinistische
Prozeß, der in Jahrtausenden eine neue Art – oder in einer
mehrere Wochen andauernden Immunreaktion einen neuen Antikörper – hervorbringt, kann möglicherweise auch in der Zeit-
skala von Gedanken und Aktion, Ideen entstehen lassen.

Im vorletzten Kapitel werde ich über die Analogie zu mentalen Vorgängen hinausgehen und mich anderen bekannten darwinistischen Prozessen zuwenden. Dabei geht es um Vorschläge,
wie (das mechanistische *Wie* der Physiologen) unser Gehirn
Repräsentationen derart zu manipulieren vermag, daß es zu einem Kopierwettstreit kommt, einem Wettstreit, der darwini-
stisch sein kann und so aus etwas Zufälligem eine begründete
Vermutung schafft. Dieser Abstieg auf die Ebene cerebraler
Codes (die wie die Strichcodes im Supermarkt abstrakte Muster
sind, die für die eigentliche Sache stehen) und cerebraler Schaltkreissysteme (insbesondere jener Schaltkreissysteme der oberflächlichen Rindenschichten, die für die Kommunikation zwischen verschiedenen Hirnregionen verantwortlich sind) hat mir
den bisher besten Einblick in die Mechanismen höherer intel-
lektueller Funktionen verschafft: wie wir Vermutungen aufstel-
len, wie wir Sätze artikulieren, die wir nie zuvor artikuliert
haben, und wie wir sogar auf der Ebene von Metaphern operieren. Er wirft darüber hinaus Licht auf den großen Schritt von
einer Protosprache zu einer Universalgrammatik.

Diese cerebrale Version einer Darwin-Maschine wird meiner
Ansicht nach unser Konzept dessen, was eine Person ist, grund-
legend verändern. Wie der Dodo in *Alice im Wunderland*, der
meinte, es sei besser, das Spiel zu zeigen als es zu erklären,
möchte ich Ihnen diesen darwinistischen Prozeß beim Ausbilden eines Gedankens oder beim Treffen einer Entscheidung in

einiger Ausführlichkeit demonstrieren. Intelligenz ist glücklicherweise nicht so schwierig zu beschreiben wie Fahrradfahren; dennoch werden Sie die Beschreibung viel besser verstehen, wenn Sie ein Gefühl für den Vorgang entwickeln, statt sich lediglich mit einer abstrakten Würdigung zufriedenzugeben (die Sie in den Kapiteln 6 und 8 erhalten, wenn Sie mein Lieblingskapitel überspringen).

Im letzten Kapitel werde ich noch einmal tief Luft holen und die entscheidenden Elemente höherer Intelligenz zusammenfassen, die in früheren Kapiteln beschrieben wurden. Dabei konzentriere ich mich auf diejenigen Mechanismen, die eine fremdartige oder eine künstliche Intelligenz benötigen würden, um in jenem Bereich zu agieren, der vom schlauen Schimpansen bis zum musikalischen Genie reicht. Das Buch schließt mit einigen Überlegungen zum Übergang von der menschlichen zur übermenschlichen Intelligenz und einer Warnung vor einem Rüstungswettlauf bei der Entwicklung intelligenter Waffen. Wie schon die Rote Königin Alice erklärte, könnte es dann dazu kommen, daß man ständig laufen muß, um an derselben Stelle zu bleiben.

[Die eine Lehrmeinung] beschreibt den Menschen als eine Induktionsmaschine, die von äußeren Einflüssen abhängt und bar jeder Eigeninitiative und Spontaneität ist. Die zweite billigt ihm den Spielraum zu, Ideen zu entwickeln und sie auszuprobieren. Etwas über die Welt zu erfahren bedeutet im ersten Fall, von ihr konditioniert zu werden; im zweiten Fall heißt es, sie zu entdecken.

J. W. N. WATKINS, 1974

2 Die Evolution der richtigen Einschätzung

Während angeborene Verarbeitung, instinktives Verhalten, intern koordinierte Motivationen und Triebe sowie angeborenermaßen gesteuertes Lernen zwar allesamt wesentliche und wichtige Elemente des kognitiven Repertoires eines Tieres sind, gehören sie wahrscheinlich doch eher nicht in das mehr esoterische Reich der geistigen Aktivität, das wir mit Denken, Urteilen und Entscheidungsfindung in Verbindung bringen. Was aber ist Denken, und wie erkennen wir das Ablaufen von Denkprozessen bei anderen Lebewesen in diesem persönlichsten aller Organe, dem Gehirn? Welche Verhaltenskriterien erlauben es uns, einerseits zwischen echtem Denken, von dem wir gewöhnlich glauben, daß es in unsere eigene Ästhetik, Moral und praktische Entscheidungsfindung mit eingeht, und andererseits der komplizierten Programmierung, die zumindest bei bestimmten anderen Lebewesen Denken vortäuschen kann, zu unterscheiden? Oder ist es vielleicht doch wahr, wie die Befürworter der künstlichen Intelligenz vermuten, daß alles Denken – auch unser eigenes – ausschließlich die Folge raffinierter Vorprogrammierung ist?

JAMES L. GOULD *und* CAROL GRANT GOULD,
Bewußtsein bei Tieren, *1997*

Intelligenz wird meist in überraschend enge Begriffe gefaßt, als sei sie irgendeine Je-größer-desto-besser-Zahl, die man einer Person nach Art einer durchschnittlichen Schlagzahl beim Baseball zuordnen kann. Diese Zahl wird stets in einer Reihe von Tests ermittelt, in denen räumliches Vorstellungsvermögen, Sprachverständnis, Wortflüssigkeit, Rechenfähigkeiten, induktives Schließen, Wahrnehmungsgeschwindigkeit, deduktives Schließen, Gedächtnis und ähnliches geprüft werden. In den letzten Jahrzehnten gab es eine gewisse Tendenz, die in den verschiedenen Subtests ermittelten Eigenschaften als „multiple Intelligenzen" zu bezeichnen. In der Tat, warum sollte man diese Fähigkeiten in einen Topf werfen, indem man versucht, Intelligenz auf eine einzige Zahl zu reduzieren?

Die kurze Antwort darauf lautet, daß die einzelne Zahl offenbar etwas Zusätzliches aussagt – sie stellt, wenn es auch riskant ist, sie zu stark zu verallgemeinern, eine interessante Information dar: Wenn Sie in einem Intelligenz-Subtest gut abschneiden, so kann man daraus *niemals* schließen, daß Sie in einem anderen Typ schlecht abschneiden werden; eine Fähigkeit geht offenbar niemals auf Kosten einer anderen. Auf der anderen Seite leistet ein Individuum, das in einem derartigen Test gut abschneidet, bei den anderen Subtests oft ebenfalls Überdurchschnittliches.

Es ist so, als wäre da ein gemeinsamer Faktor am Werk, etwas wie die Fähigkeit, Tests zu lösen. Der sogenannte „allgemeine Faktor *g*" drückt diese interessante Korrelation zwischen den Subtests aus. Der Psychologe Arthur Jensen weist gerne darauf hin, daß die beiden Faktoren, die *g* am stärksten beeinflussen, die Geschwindigkeit (zum Beispiel, wieviele Fragen Sie innerhalb einer bestimmten Zeitspanne beantworten können) und die Anzahl der Parameter sind, mit denen Sie simultan im Kopf jonglieren können. Analogiefragen (A verhält sich zu B wie C zu [D, E oder F]) erfordern in der Regel mindestens sechs Konzepte, die man gleichzeitig im Gedächtnis behalten und vergleichen muß.

Zusammengenommen lassen diese Faktoren einen hohen IQ wie die Jobbeschreibung für einen vielbeschäftigten Koch klingen, der aus dem Stand heraus Stunde um Stunde sechs verschiedene Mahlzeiten gleichzeitig zubereiten muß. Daher ist ein hoher IQ für die Art Leben, das die meisten Leute führen, vielleicht ohne Bedeutung oder nur bei solchen Gelegenheiten wichtig, die eine rasche und flexible Reaktion erfordern. Ein hoher IQ ist gewöhnlich notwendig, um in sehr komplexen oder sich ständig wandelnden Berufen (wie Arzt) Erfolg zu haben, und ist bei mäßig komplexen Berufen (wie Sekretärin oder Polizist) sicherlich von Vorteil; bei Beschäftigungen, die nur Routine, Entscheidungsfindungen ohne Zeitdruck oder einfache Problemlösungsstrategien erfordern (wie es beispielsweise bei Büroangestellten und Kassierern der Fall ist, für die Zuverlässigkeit und soziale Fähigkeiten wahrscheinlich viel wichtiger sind als ihr IQ), bietet er aber nur wenig Vorteile.

Der IQ ist sicherlich ein faszinierender Aspekt der Intelligenz, aber er umfaßt nicht alle übrigen; wir sollten nicht den Fehler machen zu versuchen, das Thema „Intelligenz" auf eine simple Zahl auf einer Bewertungsskala zu reduzieren. Das wäre so, als wollte man ein Football-Spiel lediglich durch eine statistische Größe, wie den Prozentsatz der erfolgreichen Pässe charakterisieren. Ja, über die Football-Liga insgesamt gemittelt, ist der Sieg signifikant mit dieser Statistik korreliert, aber es steckt eine Menge mehr in Football, als dieser Prozentsatz allein besagt; einige Teams gewinnen, ohne einen einzigen Paß durchzuführen, indem sie sich auf ihre anderen Stärken konzentrieren. Der IQ ist sicherlich auf vielen Spielfeldern mit „Gewinn" korreliert, aber er ist nicht das, worum es sich im Intelligenzspiel dreht, genauso wenig, wie erfolgreiche Pässe das sind, worum es im Football eigentlich geht.

Intelligenz ist in meinen Augen das Gipfelszenario der Neurophysiologie – das Ergebnis vieler Aspekte der Hirnorganisation eines Individuums, die dazu beitragen, daß man etwas tut, das man noch nie zuvor getan hat. Vielleicht können wir Intelligenz nicht in all ihrer Größe erklären, aber wir kennen heute zumindest Elemente einer Erklärung. Einige sind verhaltensbiologische, andere neurophysiologische und wieder andere evolutionsähnliche Prozesse, die in Sekundenschnelle ablaufen. Wir wissen sogar einiges über die Prinzipien der Selbstorganisation, die zu etwas Neuem führen – jenen im Entstehen begriffenen Ebenen, die sich herausbilden, wenn (um ein späteres Kapitel vorwegzunehmen) Kategorien und Metaphern um Territorien im Gehirn konkurrieren.

Entstand unsere Intelligenz, weil wir mehr von etwas haben als andere Tiere? Das Gehirn nur anzusehen und anhand seiner Größe zu beurteilen, als wäre es eine Melone, führt wohl in die Irre. Nur die äußere Schale, die Großhirnrinde, spielt eine wichtige Rolle bei der Bildung neuer Assoziationen. Den Hauptteil der Hirnmasse machen die Isolierungen rund um die „Drähte" aus, die eine Hirnregion mit einer anderen verbinden; je besser die Isolierung, desto schneller der Signalfluß. Als die Tiere größer wurden und die Entfernungen im Körper wuchsen, benötigte man mehr Isoliermaterial, um die Übertragungsgeschwindigkeit zu steigern und die Reaktionszeiten kurz zu halten; durch diese Isolierung steigt die Masse der weißen Substanz selbst dann, wenn die Anzahl der corticalen Neuronen die gleiche bleibt.

Eine Orangenschale macht nur einen kleinen Teil einer Orange aus, und unsere Großhirnrinde ist sogar noch dünner, nämlich nur zwei Millimeter dick, so dick wie zwei Pfennige. Unser Cortex ist außerordentlich stark gefaltet; würde man ihn abschälen und ausbreiten, würde er vier Blatt Schreibmaschinenpapier bedecken. Der Cortex eines Schimpansen würde auf ein einziges Blatt passen, der eines niederen Affen auf eine Postkarte, der einer Ratte auf eine Briefmarke. Würden wir ein feines Gitternetz auf die ausgebreitete Oberfläche legen, so würden wir in jedem kleinen Gitterquadrat in allen corticalen Regionen etwa dieselbe Anzahl von Nervenzellen finden (mit Ausnahme des primären visuellen Cortex, der bei allen binokularen Tieren eine Vielzahl zusätzlicher kleiner Neuronen aufweist). Wenn Sie also für eine bestimmte Funktion mehr Neuronen brauchen, brauchen Sie eine größere Cortexoberfläche.

Wir übersehen gerne, daß anspruchsvolle visuelle Aufgaben bei der Nahrungssuche in späteren Generationen nicht nur den visuellen, sondern auch den auditorischen Affencortex „erweiterten" – es ist keinesweg so, daß die Evolution je nach Selektionsdruck mal eine Aufwölbung hier, mal eine Beule dort produziert. Es gibt starke Hinweise dafür, daß *jeder* nichtolfaktorische natürliche Selektionsdruck, der auf eine größere Gehirnkapazität (sagen wir, für das Sehen) hinwirkt, gleichzeitig auch zu einer erhöhten Gehirnkapazität für alle anderen Funktionen führt – das heißt, daß es entwicklungsbiologisch oft schwierig ist, räumlich begrenzte Hirnvergrößerungen durchzuführen. Daher dürfte „Wenn du eins vergrößerst, mußt du alle vergrößern" vermutlich eher die Regel als die Ausnahme sein.

Als wäre *ein* evolutionärer Weg zu einer kostenlosen Dreingabe noch nicht genug, ist hier ein weiterer: Neue Funktionen entwickeln sich häufig dadurch, daß sie von einem bereits existierenden Teil des Gehirns Gebrauch machen, wenn dieser gerade nicht ausgelastet ist. Gehirnregionen sind bis zu einem gewissen Maße multifunktionell und widersetzen sich unserem Versuch, sie zu etikettieren. Welche bereits existierenden Funktionen könnten für den Quantensprung an Schlauheit und Vor-

ausschau besonders relevant sein, wie er im Verlauf der Evolution der Hominiden aus den menschenaffenartigen Vorfahren
stattgefunden hat? Die meisten Menschen würden sagen: die
Sprache. Ich werde zeigen, daß eine „Kernfähigkeit", die dem
Sprechen und dem Planen von Handbewegungen gemeinsam ist
(und die in unserer Freizeit zum Musizieren und Tanzen genützt
wird) diesen evolutionären Sprung noch besser erklären kann als
eine spezielle Anlage, die allein sprachlichen Funktionen dient.

Intelligenz wird manchmal als Flickenteppich aus „Gewußt-
wie"- und „Gewußt-was"-Bereichen im Gehirn beschrieben, all
diesen Wahrnehmungsmechanismen, die so empfänglich für Erwartungen sind. Das ist sicherlich richtig, aber wenn Sie Intelligenz so weit fassen, daß diese Definition fast alles einschließt,
was das Gehirn tut, dann trägt eine solche Formulierung ebensowenig zu einem besseren Verständnis bei, wie es die Ausdehnung des Begriffs „Bewußtsein" auf pflanzliches Leben tut.
Kataloge sind keine Erklärungen, gleichgültig, wie interessant
der Inhalt ist oder wie wichtig es wäre, die Themen in einer
Einführungsvorlesung zu behandeln. Es geht mir nicht darum,
Wahrnehmungsmechanismen aus dem Begriff „Intelligenz"
auszuschließen, sondern ich möchte zeigen, worauf unsere Fähigkeit basiert, etwas richtig einzuschätzen oder zu erraten, und
diejenigen Ebenen der Selbstorganisation beleuchten, die zu einer mehrschichtigen Stabilität führen.

Der spanische Arzt Juan Huarte definierte Intelligenz 1575 als
die Fähigkeit zu lernen, zu urteilen und schöpferisch zu sein. In
der modernen Fachliteratur wird als Intelligenz oft die Fähigkeit
bezeichnet, abstrakt und logisch zu denken sowie große Infor-
mationsmengen sinnvoll zu systematisieren. Das klingt nicht
nur nach einem Versuch von Akademikern, sich selbst zu definieren, sondern es ist auch zu hoch angesetzt für eine Definition, die gerne auf andere Tiere übertragen wird. Einen besseren

Ausgangspunkt für den *Was*-Aspekt bietet die Literatur über Tierverhaltensforschung; dort finden sich gute Arbeitsdefinitionen für Intelligenz, die sich auf die Flexibilität beim Lösen von Problemen konzentrieren.

Bertrand Russell schrieb einst ironisch: »Tiere, die von Amerikanern untersucht werden, rennen hektisch herum, stellen dabei unglaublich viel Umtriebigkeit und Schwung zur Schau und erzielen schließlich per Zufall das gewünschte Resultat. Tiere, die von Deutschen beobachtet werden, sitzen still und denken nach und entwickeln die Lösung schließlich aus ihrem inneren Bewußtsein heraus.« Abgesehen davon, daß es sich um einen britischen Kommentar über die wissenschaftlichen Sitten und Gebräuche des Jahres 1927 handelt, illustriert Russells Stichelei über die verschiedenen Ansätze beim Problemlösen die übliche falsche Dichotomie zwischen Einsicht und Probieren nach dem Prinzip von Versuch und Irrtum. Einsichtiges Verhalten ist zweifellos intelligentes Verhalten. „Reines Herumprobieren" ist es nach der üblichen Betrachtungsweise nicht, aber das täuscht – später mehr darüber.

Ich mag Jean Piagets Definition, die besagt, daß Intelligenz ist, was man einsetzt, wenn man nicht weiß, was man tun soll. Sie fängt das Element der Neuheit, das Kopieren und die Fähigkeit zum Sich-Vorwärtstasten ein, die man braucht, wenn es keine „richtige Antwort" gibt, wenn es wahrscheinlich nicht ausreicht, im alten Trott weitermachen. Dann ist intelligente Improvisation gefragt. Denken Sie eher an Jazzimprovisationen als an ein perfekt ausgearbeitetes Endprodukt wie ein Mozart- oder Bachkonzert. Bei Intelligenz geht es um den *Prozeß* des Improvisierens und Ausarbeitens in der Zeitspanne zwischen Gedanke und Handlung.

Der Neurobiologe Horace Barlow faßt die Frage etwas enger und weist uns auf experimentell überprüfbare Aspekte hin, wenn er sagt, daß es bei Intelligenz stets darum geht, eine Vermutung aufzustellen – natürlich nicht irgendeine altbekannte Vermutung, sondern eine, die eine neue zugrundeliegende Ordnung aufzeigt. „Richtiges Einschätzen" oder „Raten" in diesem Sinne deckt eine Vielzahl von Aspekten ab: Es kann heißen, die Lösung eines Problems oder die Logik in einem Argument zu finden, auf eine passende Analogie zu stoßen, eine hübsche Melodie oder eine witzige Antwort zu kreieren oder auch korrekt vorherzusagen, was wohl als nächstes passieren wird.

Tatsächlich versucht man routinemäßig zu erraten, was wohl als nächstes geschieht, sogar unterbewußt – zum Beispiel, wenn man eine Geschichte oder eine Melodie hört. Ein weinendes Kind aufzufordern, das letzte Wort einer jeden Liedzeile zu ergänzen, ist ein erstaunlich erfolgreiches Ablenkungsmanöver, das man in vielen Kulturen findet. Unbewußtes Vorhersagen ist oft der Grund, warum Ihnen die Pointe eines Witzes oder eine P.D.Q.-Bachparodie die Sprache verschlägt – Sie werden von der Diskrepanz überrascht. Sich ein wenig zu irren, kann ganz amüsant sein, aber zuviele Störungen des inneren Zusammenhangs sind unangenehm; ein Tag voller beruflicher Unsicherheit, Lärm, unberechenbarer Autofahrer und unter zu vielen Unbekannten ist frustrierend, weil es so häufig zu Diskrepanzen kommt zwischen dem, was man erwartet, und dem, was tatsächlich geschieht.

Calvins Patentrezept für eine inkohärente Umwelt? Schrauben Sie die Anforderungen an Ihre prophetischen Fähigkeiten auf ein komfortableres Maß herunter – nicht soweit, daß infolge einer 100prozentigen Vorhersagbarkeit Langeweile aufkommt, aber doch soweit, daß Sie in der Hälfte aller Fälle richtig liegen. Auf diese Weise vermitteln Sie sich selbst wieder die Sicherheit, noch immer gute Voraussagen treffen zu können. Vielleicht ist das der Grund, warum man nach einem harten Tag voller unvorhergesehener Ereignisse dazu neigt, Erleichterung in einem Ritual, in Musik oder bei Fernsehserien zu suchen – irgend etwas, wo man wieder häufig und mit Vergnügen raten kann, was als nächstes passiert!

Ein Anfängerfehler ist es, Intelligenz mit Vorsatz und Komplexität gleichzusetzen. Ausgeklügelte, komplexe Verhaltensweisen scheinen auf den ersten Blick ein guter Ausgangspunkt zu sein, um nach Anzeichen von Intelligenz zu suchen. Schließlich sind Sprache und vorausschauendes Verhalten sicherlich Aspekte von intelligentem Verhalten, und sie sind recht komplex.

Doch komplexes Verhalten bei Tieren ist häufig angeboren: Es muß nicht erlernt werden, denn es ist von Geburt an fest verankert. Solche Verhaltensweisen sind meist inflexibel und häufig nur schwer willkürlich auszuführen, genauso wie Niesen oder Erröten. Diese stereotypen Bewegungsmuster zeigen nicht mehr Einsicht oder Entschlußkraft als ein Computerprogramm. Sie gehören zur festen Ausstattung.

Sowohl angeborene als auch erlernte Verhaltensweisen können lang und komplex sein. Betrachten Sie zum Beispiel die Leistung eines *idiot savant*, einer Person mit einem riesigen, detaillierten Erinnerungsvermögen, aber gering entwickelter Fähigkeit, die gesammelte Information in einem neuen Kontext zu ihrem Vorteil einzusetzen, indem sie das Muster in sinnvolle Teile auflöst und diese neu zusammensetzt. Walgesänge und der Nestbau sozialer Insekten sind vielleicht ähnlich unintelligente Verhaltensweisen.

Daß Wale und Vögel Gesangsfolgen miteinander verknüpfen, ist ebenfalls kein Beweis für Vielseitigkeit. Oft werden die bedeutungslosesten Verhaltensweisen miteinander verknüpft; die Vervollständigung einer Handlung ruft die nächste hervor. Auf Balzverhalten folgt vielleicht Nestbau, der seinerseits nahtlos in die Eiablage, dann in Brüten und schließlich in verschiedene stereotype elterliche Verhaltensweisen übergeht. Je komplexer und „zweckgerichteter" das Verhalten erscheint, desto weiter ist es oft von intelligentem Verhalten entfernt, einfach deshalb, weil die natürliche Evolution eine todsichere Methode für derartige Verhaltenskomplexe entwickelt hat, wobei wenig dem Zufall überlassen geblieben ist. Lernen konzentriert sich schließlich in der Regel auf viel einfachere Dinge als auf die komplexen Abfolgen überlebenswichtiger Verhaltensweisen.

Tiere verstehen ihr eigenes Verhalten vielleicht nicht besser als wir unser Gähnen oder unsere Neigung, uns zu umarmen und zu küssen (Verhalten, das man auch bei Schimpansen und Bonobos beobachten kann). Die meisten Tiere scheinen unter den meisten Umständen kein großes Bedürfnis zu haben, etwas – in unserem Sinne einer Ursachensuche – zu „verstehen", und sie probieren, abgesehen von geringfügigen Abwandlungen im Rahmen eines langsamen Lernprozesses, keine Neuerungen aus. Es ist so, als sei Denken ein wenig benutztes Hilfsmittel, zu langsam und zu fehleranfällig, um sich darauf zu verlassen, solange die Dinge ihren normalen Gang gehen.

Die besten Indikatoren für Intelligenz findet man wahrscheinlich bei den einfacheren, aber weniger leicht vorhersehbaren Problemen, mit denen Tiere konfrontiert sind – jenen seltenen oder neuen Situationen, für die die Evolution keine Standardantwort bereithält, so daß das Tier improvisieren und seine intellektuellen Kapazitäten gebrauchen muß. Wir bezeichnen mit „Intelligenz" oft beides, eine breite Palette von Fähigkeiten wie auch die Effizienz, mit der sie ausgeübt werden, doch dieser Begriff umfaßt zudem noch Aspekte wie Flexibilität und Kreativität – nach Meinung der Ethologen James und Carol Gould ist Intelligenz eine »Fähigkeit, die Fesseln des Instinkts abzustreifen und neuartige Lösungen für Probleme zu finden«. Das engt das *Was*-Feld beträchtlich ein.

>*»In Tests, in denen es um konvergentes Denken geht, gibt es fast immer eine Schlußfolgerung oder Antwort, die als einzig richtige angesehen wird, und das Denken soll auf diese Antwort zugelenkt werden ... Beim divergenten Denken hingegen ist man ständig auf der Suche, und die Gedanken streben in verschiedene Richtungen auseinander. Das wird dann am deutlichsten, wenn es keine „einzig richtigen" Schlußfolgerungen gibt. Divergentes Denken ... ist dadurch charakterisiert, daß es weniger zielgebunden ist ... Es ist notwendig, die alte Lösung zu verwerfen und irgendeine neue Richtung einzuschlagen, und ein einfallsreicher Organismus hat bessere Chancen, erfolgreich sein.«*

>J. P. GUILFORD, 1959

Wenn das Gespräch auf Intelligenz kommt, warten viele Leute mit Tiergeschichten nach dem Motto „Sind sie nicht klug?" auf. Natürlich sei ein Hund intelligent, behaupten sie kategorisch. In den meisten dieser Geschichten geht es dann darum, wie gut ein Hund Englisch (beziehungsweise Deutsch) versteht oder die Gedanken seines Herrchens respektive Frauchens lesen kann.

Ethologen und Tierpsychologen erklären dann gewöhnlich geduldig, daß Hunde als soziale Tiere Experten im Deuten von Körpersprache sind. Ein Hund sieht immer zu seinem Besitzer auf, genauso, wie ein wilder Hund seinen Rudelführer ansieht und fragt: „Was nun, Boss?", oder sich nach Art eines jungen Hundes emotional rückversichert, in der Hoffnung, Wohlwollen auszulösen. Mit domestizierten Hunden zu reden, spricht diese angeborenen Tendenzen an, obgleich die Botschaft gar nicht in den Worten an sich zu liegen braucht. Die meisten Menschen machen sich nicht klar, wieviel Information durch Tonlage und Körpersprache des Ersatzrudelführers (nämlich Sie) übermittelt wird. Wenn Sie Ihrem Hund die Schlagzeile der heutigen Tageszeitung im selben Tonfall und mit denselben Blicken und Gesten vorlesen, die Sie gewöhnlich benutzen, wenn er Ihre Pantoffeln holen soll, löst dies das gewünschte Verhalten häufig genauso effektiv aus.

Meistens gibt es nicht viel, was den Hund verwirren könnte. Das Arrangement selbst (Leute, Orte, Situationen, Gegenstände) liefert einen Großteil der Information, die der Hund benötigt, um angemessen auf einen Befehl zu reagieren. Die meisten Hunde verfügen nur über ein begrenztes Repertoire, und es fällt ihnen daher nicht schwer, richtig zu raten. Einen Hund zu trainieren, ein Dutzend verschiedener Gegenstände auf Kommando zu apportieren, ist hingegen ein diffizileres Unterfangen, einfach deshalb, weil es für den Hund schwieriger wird, Ihre Absichten zu erraten.

Wenn Sie davon überzeugt sind, daß Ihr Hund Worte *per se* versteht, versuchen Sie doch einmal, ihm die Befehle von einer anderen Person vom Nebenraum aus via Sprechanlage übermitteln zu lassen; dadurch werden die meisten situationsgebundenen Hinweise ausgeschlossen. Viele schlaue Tiere bestehen einen derart schwierigen Test für das Verstehen gesprochener Worte nicht; das gilt selbst für einige intensiv unterrichtete Schimpansen, die ohne weiteres auf graphische Symbole reagieren. Den weniger schwierigen Test, der darin besteht, die gewünschte Aktion auszuführen, bestehen Hunde in den meisten Fällen jedoch durchaus, und zwar immer dann, wenn ihnen die Situation vertraut ist und das, was sie tun sollen, eindeutig aus dem Kontext hervorgeht.

Der Umfang des Reaktionsrepertoires ist ein wichtiger Intelligenzfaktor. Hunde verfügen über viele instinktive Verhaltensweisen, wie eine Herde treiben oder warnend bellen; sie können viele weitere hinzulernen. Selbst ihr kommunikatives Repertoire kann bei intensivem Training ein eindrucksvolles Ausmaß erreichen, wie der Psychologe Stanley Coren beobachtet hat:

»Meine Hunde verfügen über einen passiven Wortschatz von etwa 65 Wörtern oder Sätzen sowie rund 25 Signalen oder Gebärden. Das ergibt einen passiven Wortschatz von etwa 90 Wörtern und Begriffen. Ihr aktiver Wortschatz umfaßt etwa 25 Laute und rund 25 Körpersignale, was einen aktiven Wortschatz von etwa 60 Wörtern und Begriffen ergibt. Von Satzbau oder Grammatik ist bei ihnen nichts zu erkennen. Wenn sie Kinder wären, würden sie etwa das Sprachniveau zeigen, das diese im Alter von 18 bis 22 Monaten besitzen. Schimpansen, die eine Zeichensprache gelernt haben, erreichen Ergebnisse, die denen eines Kleinkindes von etwa 30 Monaten entsprechen.«

Auch die Lerngeschwindigkeit ist mit der Intelligenz korreliert; ein Grund, daß Hunde und Delphine bei entsprechendem Training ein größeres Verhaltensrepertoire erwerben, liegt darin, daß sie schneller lernen, als es Katzen gewöhnlich tun. Daher ist „Intelligenz" wie ein Puzzle, das sich aus anderen Dingen zusammensetzt, und viele geistige Anlagen spielen dabei eine Rolle. Vielleicht ist es die Fähigkeit, diese Anlagen wirksam zu kombinieren, die intelligentes Verhalten besser beschreibt.

Die Palette an nützlichen Verhaltensweisen, über die ein Tier verfügt, könnte der Maßstab sein, an dem sich der Anspruch auf tierische Intelligenz messen läßt. In vielen dieser „Sind-sie-nicht-klug?"-Geschichten denkt das Tier nicht selbst, sondern reagiert lediglich auf einen Befehl. Piagets Element der Kreativität angesichts einer mehrdeutigen Aufgabe fehlt gewöhnlich – außer bei spielerischen Kapriolen des Tieres.

Die wissenschaftliche Literatur über nichtmenschliche Intelligenz ist durchaus bemüht, das Thema „Innovation" anzusprechen; da die meisten vermutlich intelligenten tierischen Handlungen aber keine Wiederholungstaten sind, ist es schwierig, eine Anekdotensammlung zu vermeiden (tatsächlich gibt es eine wundervolle über Menschenaffen mit dem Titel *Machiavellian Intelligence*). Die üblichen wissenschaftlichen Klippen, die in anekdotischen Beweisen liegen, lassen sich ein wenig verringern, wenn man verschiedene Arten miteinander vergleicht. Beispielsweise können die meisten Hunde ihre Leine nicht entwirren, wenn sie sich um einen Baum gewickelt hat, aber ein Schimpanse verfügt offenbar über die dazu nötige Einsicht. Ein verriegeltes Schnappschloß an der Tür genügt, um die meisten niederen Affen in ihrem Käfig zu halten, selbst wenn sie den Riegel erreichen und daran herumprobieren können. Aber die großen Menschenaffen können den Riegel herausziehen, daher müssen Sie Vorhängeschlösser verwenden – und lassen Sie den Schlüssel nicht herumliegen! Schimpansen sind zur bewußten Täuschung fähig: Ein Schimpanse kann abschätzen, was ein anderes Tier wahrscheinlich denkt, und dieses Wissen ausnutzen. Den meisten niederen Affen fehlt hingegen offenbar das geistige Rüstzeug, um einander zu täuschen.

Für viele Menschen liegt das Wesen der Intelligenz in einer solchen schöpferischen Schläue. Wenn sich ein Tier beim Lösen von Problemen oder beim Entwickeln neuer Strategien als besonders geschickt erweist, so betrachten wir dieses Verhalten als intelligent. Doch menschliche Intelligenz unterliegt zusätzlichen Beurteilungskriterien.

Als ich mit einem meiner Kollegen über diese Definition von Intelligenz als „schöpferische Schläue" sprach, meldete er Zweifel an und begann, Beispiele für den Prototyp eines Schlaumeiers aufzuzählen.

Sie kennen das: Jemand fragt Sie, wie intelligent eine bestimmte Person ist, und Sie antworten: „Nun, er ist sicherlich *schlau.*" Damit meinen Sie, daß er redegewandt ist – es fällt ihm

nicht schwer, aus dem Stand Taktiken zu improvisieren, er ver-
folgt seine Projekte aber nicht weiter, und es mangelt ihm an
Tugenden, die Ausdauer verlangen, wie Strategie, Beharrlich-
keit und Urteilskraft.

Okay, stimmte ich ihm zu, es bedarf auch der Voraussicht, um
wirklich intelligent zu sein. Und soweit man dies aus ihrem
Verhalten schließen kann, machen sich Schimpansen nicht viel
Gedanken über morgen, selbst wenn sie gelegentlich über den
Zeitraum von einer halben Stunde vorausplanen.

So ist die flexible Zukunft vielleicht eine menschliche Dreingabe zur Affenintelligenz. Intelligenz erfordert auch eine gewisse Vorstellungskraft, fuhr ich fort und dachte dabei an eine
Gruppe mit hohem IQ, vor der ich einmal einen After-Dinner-
Vortrag gehalten hatte. Angesichts der Tatsache, daß jedermann
im Publikum bei Intelligenztests eine hohe Punktzahl erreicht
hatte, war ich überrascht, wie phantasielos einer von ihnen war,
und dann wurde mir plötzlich klar, daß ich immer angenommen
hatte, IQ und Phantasie gingen Hand in Hand. Aber Phantasie
trägt nur dann zur Intelligenz bei, wenn daraus etwas Qualitati-
ves erwächst.

Patienten mit Halluzinationen sind zwar recht phantasievoll,
aber das macht sie nicht notwendigerweise hochintelligent.

Damit soll lediglich gesagt werden, daß der IQ nur einige
Aspekte dessen mißt, was wir gemeinhin unter intelligentem
Verhalten verstehen. IQ-Prüfungen neigen ihrem Wesen nach
dazu, Tests auszuschließen, in denen Kreativität oder planeri-
sche Fähigkeiten gefordert sind.

Wenn ich jemals auf irgendeine originelle Idee komme, dann
deshalb, weil ich schon immer die Eigenheit hatte, Ideen
durcheinanderzuwerfen … und daher auf weithergeholte
Analogien und Beziehungen stoße, die andere gar nicht in

*Betracht ziehen! Andere veranstalten selten ein derartiges
Durcheinander und gehen anhand präziser Analyse vor.*

KENNETH J. W. CRAIK,
The Nature of Explanation, *1943*

Innovative Verhaltensweisen sind gewöhnlich keine neuen Einheiten; statt dessen entstehen sie aus einer Neukombination alter Elemente: Ein andersartiger Stimulus ruft ein Standardverhalten wach, oder der Organismus reagiert mit einer neuen Bewegungskombination. Wie ist eine sensorische beziehungsweise motorische Innovation mit Intelligenz korreliert?

Die schiere Menge der Bausteintypen könnte wichtig sein. Das sensorische und das motorische Repertoire zu katalogisieren, wie es Stanley Coren bei Hunden getan hat, ist eine nützliche Übung, solange man die Reiz-Reaktions-Dichotomie nicht zu wörtlich nimmt. Manchmal treten Reaktionen ohne ersichtlichen Auslöser auf; vieles ist spielerisch, wie man es bei einem Schimpansen beobachten kann, der ohne ersichtlichen Grund die Blätter von einem Zweig abstreift. Oft ist der Reiz-Reaktions-Aspekt gedämpft; das Tier sucht sensorische Eindrücke als Teil der Ausbildung der Reaktion. Lassen Sie uns, derart zur Vorsicht gemahnt, einige klassische Beispiele für Reiz-Reaktions-Abläufe betrachten.

Viele Tiere besitzen sensorische Schablonen oder Muster (*sensory templates*), die sie hinsichtlich Größe und Form an dem ausprobieren, was sie sehen – wie ein Kind, das eine Reihe von Plätzchenstechern an verschiedenen Weihnachtsplätzchen ausprobiert, um herauszufinden, welcher Plätzchenstecher zu einem bestimmten Plätzchen paßt (wenn überhaupt einer paßt). Jungvögel ducken sich zum Beispiel, wenn sich am Himmel ein Falke zeigt; dieses Verhalten läßt vermuten, daß sie mit dem vorgegebenen Bild eines Falken in ihrem Vogelgehirn geboren wurden. Die Realität ist jedoch anders: Anfangs ducken sie sich, wenn *irgendein* Vogel über sie hinwegfliegt. Dann beginnen sie, die Vogeltypen kennenzulernen, die sie täglich sehen; sobald ihnen eine Form vertraut ist, reagieren sie nicht länger darauf. Aufgrund einer solchen Habituation ducken sie sich schließlich nur noch als Reaktion auf seltene Formen, wie exotische Vögel, die gerade vorbeiziehen – und auf Raubvögel wie Falken, die nicht häufig sind, denn Vertreter von Arten, die an der Spitze der Nahrungspyramide stehen, sind immer vergleichsweise selten.

Daher ist das Ducken eine Antwort auf etwas Neues, kein vorgegebenes „Alarm"-Suchbild. Es ist, als habe das Kind ein mißlungenes Plätzchen gefunden, zu dem keiner der Plätzchenstecher paßt, und sei darüber betrübt.

Wie Komponisten wissen, wirken reine Obertöne (wie von einer Flöte) relativ beruhigend, während zufällige Obertöne (wie in der Heavy-Metal-Musik oder in der rauhen Stimme mancher Sänger, zum Beispiel Mick Jagger) offenbar Bedrohung oder Alarm signalisieren, und ich vermute, daß die ungeordneten Empfindungen, die Nervenverletzungen hervorrufen, häufig aus demselben Grund als schmerzhaft (statt als nur unsinnig) erlebt werden.

Neben sensorischen Mustern für bekannte Bilder und Geräusche besitzen Tiere auch Schemata für bekannte Bewegungen, unter denen sie wählen können. Ein Kormoran kann entscheiden, ob er lieber nach einer weiteren Mahlzeit tauchen, zu einem anderen Teich fliegen oder seine Flügel ausbreiten will, um sie zu trocknen (dem Kormorangefieder fehlt das Öl, das Entengefieder wasserabstoßend macht) oder ob er nur herumstehen möchte – vermutlich zieht er dabei das Gewicht seiner Flügel, den Füllungszustand seines Magens, seinen sexuellen Antrieb und so weiter in Erwägung. Alle Tiere treffen Entscheidungen; es ist gewöhnlich ein ökonomisches Abwägen von Empfindungen und

Antrieben, auf das ein je nach Umständen modifiziertes Standardverhalten aus dem Repertoire des jeweiligen Tieres folgt.

Natürlich tun wir Menschen oft etwas Ähnliches, wenn wir uns für ein Restaurant entscheiden: Wir ziehen dessen Speisekarte, Parkmöglichkeiten, Preis, Anfahrtsweg, Wartezeit und Ambiente in Rechnung – und vergleichen all diese Faktoren auf irgendeine Weise mit denjenigen anderer Restaurants. Während ein solches Abwägen verschiedener Möglichkeiten besonders bewußt, absichtsvoll und zielgerichtet erscheint, impliziert eine Wahl nicht *per se* ein reiches Geistesleben – jedenfalls nicht in der Art, die wir meinen, wenn wir die Liste der Möglichkeiten für den nächsten Schritt schöpferisch erweitern („Gibt es vielleicht irgendwo in der Stadt ein *nord*vietnamesisches Restaurant?").

Neugierig zog ich einen Bleistift aus meiner Jackentasche und berührte einen Faden des Spinnennetzes. Sofort erhielt ich eine Antwort. Das Netz, gezupft von seiner bedrohlichen Inhaberin, begann zu schwingen, bis es nur noch als verschwommener Schleier zu sehen war. Alles, was diese erstaunliche Falle mit Bein oder Flügel gestreift hätte, wäre sicherlich gefangen worden. Als die Schwingungen abebbten, konnte ich sehen, wie die Besitzerin ihre Signalfäden nach Zeichen eines Kampfes abtastete. Eine Bleistiftspitze war ein Eindringling in diesem Universum, für den kein Präzedenzfall existierte. Der Horizont von Spinne war begrenzt durch Spinnenideen; ihr Universum war Spinnenuniversum. Alles, was außerhalb lag, war irrational, fremd, bestenfalls Rohmaterial für Spinne. Als ich meinen Weg durch die Schlucht fortsetzte, wie ein riesiger, unmöglicher Schatten, begriff ich, daß ich in Spinnes Welt nicht existiere.

LOREN EISELEY, The Star Thrower, *1978*

Gelegentlich probiert ein Tier beim Spielen eine neue Kombination sensorischer Schablonen und Bewegungen aus und findet später eine Möglichkeit, diese Kombination nutzbringend einzusetzen. Vielleicht sollten wir *Spielen* in unsere Liste intelligenter Attribute aufnehmen.

Viele Tiere spielen jedoch nur im Jugendalter ausgiebig. Ein Erwachsener zu sein ist eine ernste Angelegenheit, bei all den Mäulern, die es zu stopfen gilt, daher haben Erwachsene weder Zeit noch Lust herumzualbern. Eine lange Jugendentwicklung, wie sie für Menschenaffen und Menschen typisch ist, führt dank der Ansammlung nützlicher Kombinationen sicherlich zu einer erhöhten Flexibilität. Darüber hinaus zeigen einige evolutionäre Trends (wie die Domestikation von Tieren) die Tendenz, juvenile Eigenschaften ins Erwachsenenalter hinüberzuretten – auch das erhöht vermutlich die Flexibilität.

Wir lernen nicht nur aus eigener Erfahrung. Wir können die Handlungen anderer nachahmen, wie die Japan-Makaken, die man dabei beobachtete, wie sie die Technik eines erfinderischen Weibchens kopierten, den Sand vom Futter abzuwaschen. Wir können das meiden, was andere offenbar in Angst und Schrecken versetzt, selbst wenn wir nicht persönlich davon bedroht worden sind, und ein derartiges „abergläubisches" Verhalten kann tradiert werden. Der ursprüngliche Grund für „Tritt nicht auf die Ritzen im Bürgersteig" ist wohl verlorengegangen, doch die kulturelle Weitergabe von Generation zu Generation funktioniert seit Jahrhunderten als Selbstläufer.

Eine breite Palette strategisch „guter Züge" macht vorausschauendes Verhalten natürlich sehr viel einfacher. Voraussicht erscheint auf den ersten Blick einfach, fast zu einfach, um eine Anforderung an hohe Intelligenz zu sein. Das sieht aber nur deshalb so aus, weil wir vorausschauendes Verhalten mit artspezifischen saisonalen Verhaltensweisen verwechseln.

Eichhörnchen, die Nüsse für den Winter horten, sind offenbar das Standardbeispiel für Vorausplanung im Tierreich. Dabei wissen wir heute, wie derartige Dinge funktionieren. Das Hormon Melatonin, das in den Stunden der Dunkelheit von der Epiphyse ausgeschüttet wird, dient dazu, dem Eichhörnchen den Winter anzukündigen. Immer längere Nächte führen zu einer steigenden Melatoninausschüttung, die ihrerseits das Horten von Nahrung und die Ausbildung des Winterfells auslöst. Für diese Art „Planung" braucht man nicht viel Grips.

Es gibt natürlich noch andere Verhaltensweisen, die von Anbeginn an im Gehirn verankert sind und dazu dienen, Dinge Monate im voraus vorzubereiten. Paarungsverhalten beispielsweise führt erst nach geraumer Zeit zu Nachkommen. Jahreszeitliche Wanderungen beruhen entweder auf angeborenen Gehirnverdrahtungen, oder sie werden von den Jungtieren erlernt und in Erwachsenenrituale überführt, die keine geistige Leistung erfordern. Natürlich ist solches Verhalten keineswegs das Ergebnis von *Planung*. Jahreszeiten sind außerordentlich gut vorhersagbar, und im Verlauf der Jahrtausende hat die evolutionäre Entwicklung dazu geführt, daß Tiere und Pflanzen die Anzeichen des nahenden Winters mittels angeborener zuverlässiger Mechanismen erkennen: Wenn die Tage kürzer werden, ruft das Horten von Nüssen wahrscheinlich „ein gutes Gefühl" hervor, genauso, wie es sich „gut anfühlt", im Frühjahr dem Gradienten eines Sexuallockstoffes in der Luft zu folgen.

In einigen Fällen hat man bei Tieren Planung über einen Zeitraum von einigen Minuten beobachten können, doch wie Sie noch sehen werden, sollte man dabei wohl nicht wirklich von *planen* reden. Wenn niedere Affen, die vom Käfig aus beobachtet haben, wo Futter versteckt wurde, dieses Futter 20 Minuten später, wenn die Käfigtür geöffnet wird, finden können, also an einem Bewegungsplan festhalten, so wird dies manchmal als

„planen" bezeichnet. Aber spiegelt sich darin nicht nur einfach das Erinnern an eine Absicht? Bei einem anderen umstrittenen Beweistyp geht es um räumliche Manöver. Wenn man Bienen einfängt, sie in einem fensterlosen Behälter an einen zufällig ausgewählten Ort in mehreren Kilometern Entfernung transportiert und dort freiläßt, schlagen sie rasch den optimalen Weg zu einer nicht in Sichtweite befindlichen, bevorzugten Nahrungsquelle ein. Ist das nun Planung oder orientieren sie sich lediglich am Horizontprofil? Bevor sie in der richtigen Richtung davonfliegen, drehen sie ein paar Runden, um sich zu orientieren; wahrscheinlich suchen sie den Horizont nach Hinweisen ab.

Vielleicht sollten wir uns darauf einigen, daß *Planen* etwas Neues einschließt, etwas in der Art und Weise, in der wir eine Situation abwägen, uns fragen, was sich problemlos bis morgen aufschieben läßt oder was völlig unter den Tisch fallen kann. Tatsächlich würde ich den Begriff „Planung" gerne für das Zusammenstellen der vielen Einzelstadien eines Zuges vor Beginn einer Aktion reservieren – und nicht für das Organisieren der späteren Stadien, nachdem der Stein ins Rollen gebracht worden ist, denn das könnte bei vorgegebenem Ziel auch ein Rückkopplungssystem zuwegebringen.

Leider findet man bei den großen Menschenaffen selbst bei häufig gezeigtem Verhalten erstaunlich wenig Hinweise auf diese Art mehrstufiger Planung. Keiner der termitenangelnden Schimpansen »verbringt den Abend damit, herumzulaufen und ein Dutzend Angeln abzureißen, um einen hübschen Vorrat für den nächsten Tag anzulegen«, wie der Universalgelehrte Jacob Bronowski einmal bemerkte. Oft sieht es so aus, als träfen wilde Schimpansen genau dann bei einem entfernt gelegenen Fruchtbaum ein, wenn die Früchte gerade reif sind, aber wieviel davon ist ein Wanderungsritual und wieviel basiert auf dem Vorausplanen einer ganz bestimmten Route?

Bei den meisten Ihrer Bewegungen, wie dem Zum-Munde-Führen einer Kaffeetasse, bleibt unterwegs noch genügend Zeit für Improvisationen. Wenn die Tasse leichter ist, als Sie dachten, können Sie den Bahnverlauf korrigieren, bevor sie gegen Ihre Nase stößt. Daher ist ein vollständig im voraus ausgearbeiteter Plan unnötig; ein Ziel und eine periodische, schrittweise Ausarbeitung genügen. Sie starten in der allgemeinen Richtung und korrigieren dann Ihre Bahnführung, genau wie es die Mondraketen tun. Die meisten Geschichten über „Planung" bei Tieren passen in dieses Schema.

Mehrstufiges Planen kann man vielleicht am besten bei einer fortgeschrittenen Form sozialer Intelligenz beobachten: Man mache sich ein mentales Modell vom mentalen Modell eines anderen und beute es dann aus. Stellen Sie sich einen Schimpansen vor, der an einem Ort „Futter" ruft, an dem es kein Futter gibt, und sich dann heimlich durch den dichten Wald dorthin zurückschleicht, wo er tatsächlich zuvor Futter gesehen hat. Während die anderen Schimpansen vergeblich das Gelände am Ort des Futterrufs durchkämmen, kann der Schimpansen, der ihn ausgestoßen hat, fressen, ohne teilen zu müssen.

Wirklich schwierig ist, eine detaillierte Vorausplanung im Hinblick auf eine *einmalige* Situation zu entwickeln – wie bei der Überlegung, was zu diesen Resten im Kühlschrank passen könnte. Dabei müssen Sie sich unterschiedliche Szenarien vorstellen, ob Sie nun ein Jäger sind, der verschiedene Möglichkeiten erwägt, um sich an das Wild anzupirschen, oder ein Futurologe, der drei Szenarios durchspielt, um herauszufinden, wie ein bestimmter Industriezweig in zehn Jahren aussehen könnte. Im Vergleich zu Menschenaffen tun wir so etwas häufig: Wir sind sogar gelegentlich in der Lage, Edmund Burkes Mahnung aus dem 18. Jahrhundert zu beachten: »Das öffentliche Interesse verlangt, daß heute diejenigen Dinge getan werden, von denen

Männer mit Intelligenz und gutem Willen gewünscht hätten, sie wären bereits vor fünf oder zehn Jahren getan worden.«

Mehrstufiges Planen für neue Situationen ist daher sicherlich ein Aspekt von Intelligenz – ein Aspekt, der beim Übergang vom Menschenaffen- zum Menschengehirn offenbar stark an Bedeutung gewonnen hat. Aber Wissen ist, denke ich, eine Alltäglichkeit.

Flexibilität, vorausschauendes Handeln und Kreativität erfordern natürlich eine Wissensgrundlage. Ohne entsprechendes Vokabular können Sie nicht als Dichter oder Wissenschaftler tätig sein, aber Intelligenzdefinitionen, die Wissen oder die synaptischen Mechanismen des Gedächtnisses betonen, verfehlen tatsächlich das Ziel; sie sind falschverstandener Reduktionismus – die Angewohnheit, etwas auf seine Grundbestandteile zurückzuführen, was im vorliegenden Fall einen Schritt zu weit geht. Wie ich im nächsten Kapitel erläutern werde, ist das der Fehler, den Physiker häufig machen, die sich mit Bewußtsein beschäftigen.

Zum Beispiel hat Shakespeare das Vokabular, das er verwendete, nicht erfunden. Er erfand Kombinationen dieser Worte, insbesondere Metaphern, die es erlaubten, die Beziehungen von einer Ebene des Diskurses auf eine andere zu übertragen. In ähnlicher Weise besteht ein Großteil intelligenten Verhaltens in einer Neukombination altbekannter Dinge.

Deduktive Logik ist ein weiterer *Was*-Aspekt der Intelligenz – zumindest bei uns Menschen. Philosophen und Physiker haben sich, wie ich vermute, übermäßig stark von der menschlichen Fähigkeit zum logischen Denken beeindrucken lassen. Logik mag darin bestehen, die grundlegende Ordnung der Dinge zu erraten (à la Horace Barlow); das gilt aber nur in Situationen, wo eine eindeutige grundlegende Ordnung existiert, die sich erraten läßt. Mathematik ist das Paradebeispiel dafür. Eine schrittweise Annäherung, wie das Abschätzen, das man für eine lange Divisionsaufgabe braucht, könnte unterbewußt so schnell ablaufen, daß es wie ein Sprung zum fertigen „logischen" Ergebnis aussieht. Könnte es sein, daß Logik eher eine Eigenschaft des Stoffes als des geistigen Prozesses ist – daß es bei mentalen Berechnungen wie auch beim kreativen Denken um Raten beziehungsweise richtiges Einschätzen geht?

Die *Was*-Liste läßt sich weiter verlängern, sowohl im Hinblick darauf, was Intelligenz ist, als auch, was sie nicht ist. Aber ich möchte mich im Folgenden auf Barlows Aspekt (dem Erraten einer Ordnung) und allgemeiner auf Piagets Improvisationsproblem (Wie geht es weiter, wenn die Wahl nicht eindeutig ist?) konzentrieren. Ich bin mir klar darüber, daß dies gewisse Verwendungen des Begriffs „Intelligenz" ausschließt, so wenn von einem intelligenten Design oder militärischer Intelligenz die Rede ist, aber der „Rateaspekt" umfaßt eine so breite Palette von Intelligenzinhalten, daß wir gut daran tun werden, unsere Analyse rund um diesen Aspekt zu organisieren – sofern es uns gelingt, Konfusionen um den Begriff „Bewußtsein" und ungeeignete Erklärungsebenen zu vermeiden.

Die Mischung aus hormongesteuerter Aggression, sexueller und sozialer Lust zur Macht, Betrug und Einsatz aller erlaubten Mittel, Freundschaft und Gehässigkeit sowie harmloser und boshafter Scherze klingt ausgesprochen vertraut ... Es gibt keine vernünftige Erklärungsmöglichkeit für einen großen Teil des Verhaltens von Primaten (und insbesondere von Schimpansen), ohne die Annahme, daß diese Tiere eine Menge darüber wissen, was sie tun und zu tun versuchen, und aus den Absichten und Einstellungen ihrer Artgenossen fast genauso gut wie wir ihre Rückschlüsse ziehen können.

JAMES L. GOULD *und* CAROL GRANT GOULD,
Bewußtsein bei Tieren, *1997*

3 Der Traum des Hausmeisters

*Das Phänomen des menschlichen Bewußtseins ist unser
beinahe letztes Geheimnis. Ein Geheimnis ist etwas, wovon die
Menschen – noch – nicht wissen, wie es zu erklären sei. Es hat
andere große Geheimnisse gegeben: das Geheimnis von der
Entstehung des Universums, das Geheimnis vom Ursprung des
Lebens und der Fortpflanzung, das Geheimnis vom Bauplan
der Natur, die Geheimnisse von Zeit, Raum und Gravitation.
Bei all dem handelte es sich nicht nur um Bereiche wissen-
schaftlicher Unkenntnis, sondern um wirkliche Rätsel und
Wunder. Noch haben wir keine endgültigen Antworten auf die
Fragen, die Kosmologie und Teilchenphysik, Molekulargenetik
und Evolutionstheorie uns stellen, aber wir wissen, wie wir
uns ihnen zu nähern haben . . . Anders verhält es sich mit dem
Bewußtsein, das uns nach wie vor in Verwirrung stürzt. Unser
Bewußtsein stellt sich heute als ein Problem dar, das oft sogar
die besten Denker sprach- und ratlos macht. Und wie im Falle
aller früheren Geheimnisse gibt es viele Menschen, die darauf
hoffen, daß es nie entmystifiziert werden wird, ja, die darauf
bestehen, dieses letzte Tabu unangetastet zu lassen.*

DANIEL C. DENNETT,
Philosophie des menschlichen Bewußtseins, *1994*

Wie Charles Mingus schon über den Jazz sagte: Man kann nicht
aus nichts improvisieren, man muß aus etwas improvisieren.
Die Römer drückten es so aus: *Ex nihilo nihil fit* (Aus nichts
kann man nichts machen). Wenn man einen neuen Handlungs-

plan entwickelt, muß man irgendwo beginnen und die Dinge anschließend verbessern. Die beiden wichtigsten Beispiele für Kreativität in Aktion, die Evolution neuer Arten und die Immunreaktion, beruhen beide auf einem darwinistischen Prozeß, der es ermöglicht, aus rohem Ausgangsmaterial etwas qualitativ Hochwertiges zu schaffen. Aber das Durcheinander um den Begriff „Bewußtsein" (ganz abgesehen vom Durcheinander um die Organisationsebenen) führt uns gewöhnlich in die Irre, wenn wir versuchen, den Darwinismus auf unser geistiges Leben anzuwenden. Das ist wahrscheinlich der Grund, warum der mentale Darwinismus mehr als ein Jahrhundert lang so wenig Fortschritte gemacht hat.

Im vorigen Kapitel habe ich einige Aspekte dessen diskutiert, was Intelligenz ist und was sie nicht ist. In diesem Kapitel möchte ich dasselbe für den Begriff „Bewußtsein" versuchen, wobei ich Wiederholungen derjenigen Argumente zu vermeiden hoffe, die William James' Idee (siehe S. 17) „kaltgestellt" haben. Die Begriffsinhalte von „Bewußtsein" und „Intelligenz" überlappen sich in weiten Bereichen, obgleich sich „Bewußtsein" eher auf den Wachheitsaspekt, „Intelligenz" hingegen eher auf die Vorstellungskraft oder Effizienz unseres geistigen Lebens bezieht. Vergessen Sie dabei nicht, daß höhere Formen des Intellekts wohl tatsächlich eine bewußte (und daher auch unterbewußte) Verarbeitung verlangen.

Wie sollten wir uns der Erklärung des Unbekannten annähern? Es ist gut, dabei immer eine Gesamtstrategie im Gedächtnis zu behalten, besonders dann, wenn diejenigen, die der Philosoph Owen Flanagan als die „neuen Mystiker" bezeichnet, Abkürzungen als Erklärungen anbieten. Dennetts kurze und treffende Definition eines Rätsels vor Augen, erwägen Sie einen Moment lang die Argumente jener Physiker, die darüber spekulieren, wie die Quantenmechanik eine Rolle beim Bewußtsein

spielen könnte, wie sie dem „freien Willen" via quantenmecha-
nischer Prozesse, die auf subzellulärem Niveau in den feinen,
synapsennahen Mikrotubuli ablaufen sollen, einen Fluchtweg
aus dem „Determinismus" offenhalten könnte.

Ich werde ihren Bestseller-Argumenten (oder besser den Ar-
gumenten ihrer Bestseller) nicht soviel Platz einräumen, wie
notwendig wäre, um ihnen Gerechtigkeit widerfahren zu lassen,
aber wenn Sie bedenken, wie wenig sie vom breiten Spektrum
der Aspekte, die bei Bewußtsein und Intelligenz eine Rolle spielen, eigentlich abdecken (geschweige denn erklären), dann be-
schleicht Sie vielleicht (wie mich) das Gefühl, daß es sich hier
wieder einmal um einen Fall von „viel Lärm um nichts" handelt.

Hinzu kommt, daß Determinismus, wie Untersuchungen über
Chaos und Komplexität uns gelehrt haben, ein Thema ist, das
sich allenfalls für Cocktailparty-Geplauder eignet und kaum einer quantenmechanischen Fluchtklausel bedarf. Abgesehen von
einigen bemerkenswerten Ausnahmen (ich nenne sie ecclesiastische Neurowissenschaftler, nach dem großen australischen
Neurophysiologen John C. Eccles) reden Neurowissenschaftler
selten auf diese Art und Weise; wir lassen uns möglichst nicht
auf irgendeine verbale Spiegelfechterei über Bewußtsein ein.

Das ist kein mangelndes Interesse; schließlich ist es unsere
vornehmste Aufgabe herauszufinden, wie das Gehirn arbeitet.
Wenn wir nach einem harten Tag auf einem Neurowissenschaft-
lertreffen bei einem Glas Bier zusammensitzen, versichern wir
einander häufig, daß wir vielleicht noch keine umfassende Erklärung für das Bewußtsein haben, aber zumindest wissen,
welche Arten von Erklärung nicht funktionieren. Solche Wort-
spielereien erzeugen mehr heiße Luft als Licht, und dasselbe
gilt für Erklärungen, die lediglich ein Rätsel durch ein anderes
ersetzen.

Neurowissenschaftler wissen, daß eine brauchbare wissenschaftliche Erklärung für unser Innenleben mehr erklären muß als nur einen Katalog geistiger Fähigkeiten. Sie muß auch die typischen Irrtümer erklären, die die Bewußtseins-Physiker ignorieren – die Zerrbilder, die optische Täuschungen hervorrufen, den Erfindungsreichtum von Halluzinationen, die Fallen des Wahns, die Unzuverlässigkeit des Gedächtnisses und unsere Anfälligkeit für Geisteskrankheiten und Schlaganfälle, die man bei anderen Tieren selten findet. Eine Erklärung muß mit vielen Fakten übereinstimmen, die die Hirnforschung in den letzten 100 Jahren zusammengetragen hat – mit dem, was wir aus Untersuchungen von Phänomenen wie Schlaf, Hirnschlag und Geisteskrankheiten über das Bewußtsein wissen. Wir haben viele Möglichkeiten, um ansonsten attraktive Ideen auszuschließen; in den 30 Jahren, in denen ich Hirnforschung betreibe, habe ich eine ganze Menge davon gehört.

Es gibt verschiedene Blickwinkel, unter denen man das Problem unseres geistigen Lebens betrachten kann. In *Die Symphonie des Denkens* habe ich versucht, mich auf das Bewußtsein zu konzentrieren. *Ein* Grund, warum ich im folgenden eine Diskussion von Bewußtsein vermeiden und mich lieber auf den Intelligenz-Aspekt konzentrieren möchte, ist, daß Betrachtungen über Bewußtsein rasch zu einem passiven Beobachter als Endpunkt führen, statt zu jemandem, der forscht, der innerhalb der Welt auf Entdeckungsreise geht. Dieses Phänomen können Sie bei den vielen Sinnvarianten von „Bewußtsein" (Konnotationen) beobachten, die Sie in einem Wörterbuch finden:

Bewußtsein

• ist gekennzeichnet durch Denken, Willensentscheidung, Planen oder Wahrnehmung;

- ist spürbar, wie in „schuldbewußt";
- heißt, etwas wahrnehmen, begreifen oder bemerken, wobei eine gewisse verstandesmäßige Kontrolle ausgeübt wird (mit anderen Worten, „Bewußtsein" heißt „aufmerksam sein");
- heißt, geistige Fähigkeiten besitzen, die nicht durch Schlaf, Bewußtlosigkeit oder Betäubung beeinträchtig sind: „Nachdem die Wirkung des Betäubungsmittels verflogen war, kam sie wieder zu Bewußtsein." (Mit anderen Worten, sie wurde wach.)
- heißt, mit kritischer Aufmerksamkeit handeln: „Er hat den Wagen bewußt in den Graben gefahren." (Hier könnte man für „bewußt" „absichtlich" oder „vorsätzlich" einsetzen.)
- heißt, auf etwas achten, etwas abwägen oder einschätzen: „Er war ein preisbewußter Käufer."
- ist gekennzeichnet durch Anliegen oder Interesse: „Sie war eine problembewußte Managerin."
- ist gekennzeichnet durch starke Gefühle oder Ansichten: „Sie ist eine standesbewußte Person."

Der Philosoph Paul M. Churchland hat vor kurzem eine bessere Liste zusammengestellt, nach der Bewußtsein

- ein Kurzzeitgedächtnis (oder Arbeitsgedächtnis, wie es auch gelegentlich genannt wird) erfordert;
- von sensorischen Wahrnehmungen unabhängig ist, denn wir können an nicht vorhandene Dinge denken und uns irreale Dinge vorstellen;
- steuerbare Aufmerksamkeit beinhaltet;
- die Fähigkeit beinhaltet, komplizierte oder nicht eindeutige Fakten auf mehrere Arten zu interpretieren;
- im Tiefschlaf verschwindet;
- beim Träumen wiederauftaucht;

- die Inhalte mehrerer sensorischer Modalitäten innerhalb einer einzigen, gemeinsamen Erfahrung umfaßt.

Auch diese Liste betont den Blickwinkel des passiven Beobachters statt den des Entdeckers, aber wir finden Piagets Intelligenzbegriff in einer der Bewußtseindefinitionen wieder: Er steckt in den Fakten, die »auf mehrere Arten zu interpretieren« sind.

Wissenschaftler gebrauchen das Wort „Bewußtsein" gerne im Sinne von „Bewußtheit" (*awareness*) und „Erkennen" (*recognition*); so benutzen Francis Crick und Christof Koch beispielsweise den Begriff „Bewußtsein" (*consciousness*), wenn sie das „Bindungsproblem" bei Objekterkennung und Abruf ansprechen. Aber nur, weil ein Wort dazu dient, all diese ganz verschiedenen mentalen Fähigkeiten zu beschreiben, heißt das noch nicht, daß sie auf demselben neuronalen Mechanismus beruhen. Andere Sprachen können für die eine oder andere der oben erwähnten Sinnvarianten von „Bewußtsein" einen eigenen Begriff verwenden. Cricks thalamocorticale Theorie ist höchst brauchbar, solange es um Objekterkennung geht, sie sagt aber nichts über Erwartung oder Entscheidungsfindung aus – doch beides findet man häufig unter den Bedeutungen von „Bewußtsein", dem Begriff, den er verwendet. Schon allein durch die Wortwahl kann man leicht zu stark verallgemeinern. Das ist nicht als Kritik gemeint: Es gibt keine gute Wahl, bis wir die Mechanismen besser verstehen.

An dieser Stelle könnte der Leser zu Recht schließen, daß die Konnotationen von Bewußtsein eine Art Intelligenztest darstellen, der untersucht, wie gut man mit Mehrdeutigkeiten zu Rande kommt. Bei Diskussionen über das Bewußtsein werden diese Sinnvarianten regelmäßig durcheinandergeworfen, wobei die Diskutanten so tun, als glaubten sie an die Existenz einer ge-

meinsamen, allem zugrundeliegenden Wesenheit, die alles sieht
– sozusagen „den kleinen Mann im Kopf". Um diese Annahme
eines gemeinsamen Mechanismus für alle Bedeutungen zu vermeiden, können wir verschiedene Begriffe für verschiedene
Konnotationen benutzen, indem wir beispielsweise von „wach"
oder „aufmerksam" sprechen und „bewußt" vermeiden. Ich
bemühe mich gewöhnlich darum, aber es gibt so viele Fallgru-
ben, wenn man alternative Begriffe benutzt! Der Grund dafür ist
ein Phänomen, das man als „Rückübersetzung" bezeichnen
könnte.

Mediziner beispielsweise versuchen, den Begriff „Bewußtsein" zu vermeiden, indem sie statt dessen vom „Grad des
Wachbewußtseins" (*level of arousal*) reden, das sich erzielen
läßt, wenn man den Patienten laut anspricht oder schüttelt
(Koma, Stupor, Aufmerksamkeit oder vollständige Orientierung
in Raum und Zeit). Das geht solange gut, bis jemand versucht,
das Ganze in die Bewußtseins-Terminologie rückzuübersetzen;
ja, jemand, der im Koma liegt, ist bewußtlos, aber zu sagen, daß
Bewußtsein am anderen Ende der Wachbewußtseins-Skala liegt,
kann gewaltig in die Irre führen.

Schlimmer noch, wenn man „bewußt" (*conscious*) mit „erreg-
bar" (*arousable*) gleichsetzt, dann wird das gern so interpretiert,
als weise man jedem Organismus Bewußtsein zu, der auf Reize
reagiert. Da jedoch jede lebende Zelle – von der Pflanzenzelle
bis zur Nervenzelle – dazu in der Lage ist, dehnt dies den
Bewußtseinsbegriff auf fast alles mit Ausnahme von Steinen
aus; einige Nichtwissenschaftler sprechen bereits über pflanzliches Bewußtsein. Dies mag manche Leute ansprechen und andere abstoßen – wissenschaftlich ist es einfach eine schlechte
Strategie (selbst wenn es wahr wäre). Wenn Sie alles in einen
Topf werfen und verrühren, vermindern Sie Ihre Chancen, Bewußtsein zu verstehen.

Bei so vielen Synonymen („aufmerksam", „wach", „vorsätzlich", „absichtlich" usw.) können Sie sich vorstellen, warum
man leicht durcheinandergerät, wenn man über „Bewußtsein"
redet. Oft merkt man, wie sich die Bedeutung des Wortes innerhalb ein und derselben Diskussion wandelt; wenn dies bei dem
Wort „Schimmel" passierte, wobei ein Sprecher sein weißes
Pferd und der andere das Pilzmyzel auf seinem Brot meint,
würden wir zu lachen beginnen. Aber wenn wir über Bewußtsein reden, bemerken wir diesen Bedeutungswandel oft nicht
einmal (einige Diskutanten nutzen die Mehrdeutigkeit sogar
aus, um Punkte zu machen oder die Argumentation auf Neben-
schauplätze zu lenken).

Und das ist noch nicht alles: Zumindest innerhalb der Gemeinschaft der kognitiven Neurowissenschaftler umfassen
Bewußtseinskonnotationen solche Aspekte des geistigen Lebens wie Konzentration, Aufmerksamkeit, das Durchspielen
einer Situation im Kopf, vorsätzliches Handeln, unterbewuß-
tes Vorbereiten, Dinge, von denen Sie nicht wußten, daß Sie
sie wußten, Einbildungskraft, Verständnis, Denken, Entscheidungsfindung, veränderte Bewußtseinszustände und die
Entwicklung eines Selbstbildes bei Kindern – alles Phänomene, die auch in das Unterbewußtsein hineinreichen, die
auch automatische Aspekte haben, welche unser „Erzähler
im Kopf" vielleicht nicht bemerkt.

Viele Menschen sind der Ansicht, daß die Geschichten, die
wir uns erzählen, wenn wir wach sind oder träumen, unser
Bewußtsein strukturieren können. Geschichten sind ein wichtiger Teil unseres Ich-Bewußtseins (*sense of self*), und das nicht
nur im autobiographischen Sinne. Wenn wir eine Rolle spielen –
beispielsweise ein Vierjähriger das „Ich-wäre-jetzt..."-Spiel
spielt und gerade Feuerwehrmann oder Raumfahrer ist –, müssen wir zeitweilig aus uns heraustreten, uns an die Stelle von

jemand anderem versetzen und entsprechend handeln. (Die Fähigkeit, dies zu tun, ist eine der brauchbareren Definitionen für Ich-Bewußtsein.)

Aber Geschichten sind ein automatischer Teil des Alltags in uns. Sobald wir drei bis vier Jahre alt sind, verwandeln wir die meisten Dinge um uns herum in Geschichten. Ein Satz ist häufig eine Geschichte im Kleinformat: allein das Wort „Abendbrot" in einem Satz läßt uns nach Varianten des Wortes „essen" suchen, nach den Nahrungsmitteln, dem Ort und den anwesenden Personen. Ein Verb wie „geben" läßt uns nach den drei erforderlichem Nomen suchen, die wir brauchen, um die Rollen auszufüllen: nach einem Geber, einem Objekt, das gegeben wird, und einem Empfänger. Es gibt viele Standardbeziehungen, in denen die Spieler bekannte Rollen spielen, und wir erraten aus dem Zusammenhang, was in die Lücken paßt. Oft raten wir richtig, aber in Träumen beispielsweise findet man dieselbe Art von Fabulieren, wie bei Menschen mit Gedächtnisstörungen; in beiden Fällen wird schlechtes Raten unbewußt toleriert.

„Wahrnehmung" – so wurde vor kurzem formuliert – „kann man im wesentlichen als die Abänderung einer vorgefaßten Erwartung auffassen." Das heißt, Wahrnehmung ist immer ein aktiver Prozeß, der von unseren Erwartungen bedingt wird und der jeweiligen Situation angepaßt ist. Statt Sehen und Wissen einander gegnüberzustellen, wie es üblich war, sollten wir lieber von „Sehen und Bemerken" sprechen. Wir bemerken etwas nur, wenn wir nach etwas Ausschau halten, und wir schauen nur, wenn unsere Aufmerksamkeit durch irgendeine Störung im gewohnten Gleichgewicht angeregt wird, also durch eine Diskrepanz zwischen unserer Erwartung und der uns von außen zukommenden Botschaft. Wir können kaum je alle Gegenstände wahrnehmen, die in einem Zimmer sind.

Aber sobald irgend etwas nicht ganz so ist wie gewöhnlich, bemerken wir es sofort.

E. M. GOMBRICH, Kunst und Illusion, *1986*

Man nimmt an, daß ein Ich-Bewußtsein mit einem reichen Geistesleben einhergeht, daher lassen Sie mich kurz die weitverbreitete Meinung ansprechen, Selbstbewußtheit (*self awareness*) erfordere raffinierte, „intelligente" mentale Strukturen.

Woher wissen Sie, welche Muskeln Sie bewegen müssen, um die Bewegung eines anderen nachzuahmen – sagen wir, um Ihre Zunge herauszustrecken, wenn Ihnen jemand die Zunge zeigt? Müssen Sie zuerst in einen Spiegel gucken, um die Beziehung zwischen dem Anblick und den Befehlen an die Muskulatur herzustellen, die die Bewegung imitieren soll?

Keineswegs! Bereits Säuglinge können ohne eine derartige Erfahrung einige der Gesichtsausdrücke nachahmen, die sie sehen. Das läßt darauf schließen, daß zumindest einige sensorische Schablonen durch eine angeborene Verknüpfung mit ihren korrespondierenden Bewegungsfeldern verbunden sind – daß wir in einem gewissen Ausmaß „zum Nachahmen konstruiert" sind. Eine solche Verknüpfung könnte erklären, warum sich einige Tiere in einem Spiegel erkennen, während andere ihr Spiegelbild wie einen Artgenossen behandeln, der zum Spielen aufgefordert oder bedroht wird. Schimpansen, Bonobos und Orang-Utans erkennen sich teils sofort, teils nach einigen Tagen Erfahrung im Umgang mit einem Spiegel; Gorillas, Paviane und die meisten anderen Primaten sind dazu offenbar nicht fähig. Ein Kapuzineraffe (Angehörige der Gattung *Cebus* sind die intelligentesten Neuweltaffen und die besten Werkzeugnutzer), dem man einen körperhohen Spiegel in den Käfig stellt, kann Wochen damit verbringen, das „andere Tier" anzudrohen. Im Normalfall würde sich eines der beiden Tiere nach kurzer Zeit zurückziehen und das andere als dominant anerkennen. Aber im Fall des Spiegels gibt es keine Lösung; selbst wenn der Kapuziner versucht, sich zu unterwerfen, tut das andere Tier dasselbe. Schließlich deprimiert der ungelöste Konflikt den Affen so sehr, daß der Experimentator den Spiegel entfernen muß.

Welche Faktoren sind vermutlich an diesem Sich-Selbst-Erkennen beteiligt? Handlungen rufen Erwartungen hervor; es entsteht eine Vorstellung (die sogenannte Efferenzkopie), welche sensorischen Ereignisse wohl aus ihnen resultieren werden, und so erlaubt Ihnen die perfekte Übereinstimmung dieser sensorischen Vorhersagen mit den tatsächlichen Inputs von Haut und Muskulatur bei kleinen Bewegungen, sich selbst im Spiegel wiederzuerkennen. Im Falle wilder Tiere wäre eine perfekte Übereinstimmung zwischen den Bewegungen des Bildes und den internen Vorhersagen sicherlich ungewöhnlich, da sie nur selten ihr eigenes Gesicht sehen.

Die Frage des Selbstbewußtseins in der Tierverhaltensforschung könnte sich um etwas so Einfaches drehen wie die Aufmerksamkeit, die Vorhersagen über Empfindungen im Gesichtsbereich gezollt wird. Das ist gewiß im Zusammenhang mit Bewußtsein von Belang, aber wohl kaum der Dreh- und Angelpunkt, zu dem es einige gerne machen möchten. Sich-Selbst-Erkennen erfordert sicherlich sowohl „gutes Raten" à la Horace Barlow als auch raffiniertes Vortasten à la Jean Piaget, aber ich habe es auf die Liste der Dinge gesetzt, die nicht Intelligenz sind. Sich selbst wiederzuerkennen kommt dem Kern der Dinge jedoch auf jeden Fall näher als Quantenfelder.

Haben die Rätsel der Quantenmechanik tatsächlich etwas mit solchen bewußten Aspekten unseres geistigen Lebens zu tun? Oder ist die Einbeziehung der Quantenmechanik in den Bewußtseinskontext nur wieder ein weiteres irriges Beispiel für

die Vermutung, daß ein Bereich, von dem man annimmt, es
lauerten dort rätselhafte Effekte – Chaos, sich selbst organisie-
rende Automaten, Fraktale, Wirtschaftswissenschaften, das
Wetter –, mit einem anderen, gleichermaßen rätselhaften Bereich in Verbindung stehen könnte? Die meisten derartigen Assoziationen werfen Äpfel mit Birnen zusammen, und wenn sich
die beiden Gebiete an entgegengesetzten Enden des Spektrums
rätselhafter Phänomene befinden, dann ist die Argumentation
besonders verdächtig.

Die Dinge auf ihre Grundlagen zurückführen – der Schlacht-
ruf der Physiker – ist eine ausgezeichnete wissenschaftliche
Strategie, solange sich die Grundlagen auf einem geeigneten
Organisationsniveau befinden. In ihrem reduktionistischen En-
thusiasmus tun die Bewußtseins-Physiker so, als hätten sie noch
nie von einem der wesentlichen Kennzeichen wissenschaftlichen Arbeitens gehört: den verschiedenen *Erklärungsebenen*.
Der Kognitionswissenschaftler Douglas Hofstadter liefert ein
hübsches Beispiel für solche Ebenen, wenn er darauf hinweist,
daß die Ursache für einen Verkehrsstau niemals in einem einzigen Auto oder seinen Bestandteilen zu finden ist. Verkehrsstaus
sind ein Beispiel für Selbstorganisation, das man leichter er-
kennt, wenn das Stop-and-Go eine extreme Form von Quasista-
bilität erreicht – den Kristallisationszustand, den man als
„Nichts geht mehr" bezeichnet. Gelegentlich kann ein Verkehrsstau vielleicht einmal auf ein fehlerhaftes Autoteil zurückgehen,
aber defekte Zündkerzen sind keine sehr vielversprechende
Analyseebene – jedenfalls nicht im Vergleich zu Verkehrsauf-
kommen, ausreichendem Abstand zum Vordermann, Reaktionszeiten, Ampelschaltzeiten und Fahrern, die vor einer Steigung
nicht rechtzeitig beschleunigen.

Die elementareren Erklärungsebenen sind für Verkehrsstaus
weitgehend irrelevant – es sei denn, sie lieferten brauchbare

Analogien. Tatsächlich findet man Packungsprinzipien, Oberflächen/Volumen-Beziehungen, Kristallisation, Chaos und Fraktale auf vielen Organisationsebenen. Daß man dasselbe Prinzip auf mehreren Ebenen findet, heißt jedoch nicht, daß es einen ebenenüberspannenden *Mechanismus* bildet: Eine Analogie schafft noch keinen Mechanismus.

Quasistabile Ebenen erleichtern es, Selbstorganisation zu entdecken, besonders dann, wenn die Bausteine – wie Kristalle – sichtbar werden. Da wir nach brauchbaren Analogien suchen, die uns helfen könnten, unser geistiges Leben zu erklären, lohnt es sich nachzuforschen, wie Erklärungsebenen an anderer Stelle funktionieren. Aus einem Haufen zufälliger Kombinationen geht gelegentlich eine neue Form der Organisation hervor. Einige Formen, wie die sechseckigen Zellen, die im kochenden Haferbrei entstehen, wenn Sie umzurühren vergessen, sind vergänglich. Andere Formen weisen vielleicht eine „Sperre" auf, die ein Zurückgleiten verhindert, sobald eine neue Ordnung erreicht wird. Kristalle sind das bekannteste Beispiel für derartige quasistabile Formen; molekulare Konformationen sind ein weiteres, und es ist sogar möglich, daß es auf Zwischenniveaus quasistabile Formen gibt – so wie mikrotubuläre Quantenzustände, wo die Bewußtseins-Physiker gern die Musik spielen sehen würden.

Mehrschichtige Stabilität bezieht sich auf das Aufstapeln solcher quasistabile Ebenen. Lebensformen schaffen heißt, eine ganze Menge derartiger Ebenen aufzustapeln; gelegentlich fallen sie wie ein Kartenhaus zusammen, und die höheren Formen der Organisation lösen sich auf (was eine Möglichkeit ist, sich den Tod vorzustellen).

Zwischen Quantenmechanik und Bewußtsein liegen vielleicht ein Dutzend dieser dauerhaften Organisationsebenen: Beispiele dafür sind chemische Bindung, Moleküle und ihre Selbstorganisation, Molekularbiologie, Genetik, Biochemie, Membranen und ihre Ionenkanäle, Synapsen und ihre Neurotransmitter, das Neuron selbst, der neuronale Schaltkreis, Säulen und Module, eine großräumige corticale Dynamik, und so weiter. In den Neurowissenschaften ist man sich dieser Ebenen wegen der starken Rivalität zwischen Neurowissenschaftlern, die auf benachbarten Ebenen arbeiten, stets bewußt.

Gelegentliche Veränderungen im Bewußtsein sind die Folge eines weiträumigen Versagens bestimmter Synapsentypen. Besser geeignet zur Erforschung des Bewußtseins ist jedoch vermutlich eine Organisationsebene, die direkt unter der Ebene von Wahrnehmung und Planung angesiedelt ist: (meiner Ansicht nach) wahrscheinlich Schaltkreise in der Großhirnrinde und dynamische Selbstorganisationsprozesse, an denen Impulsmuster innerhalb eines sich ständig wandelnden Flickenteppichs briefmarkengroßer Hirngebiete beteiligt sind. Bewußtsein in all seinen verschiedenen Bedeutungen ist sicherlich nicht im Erdgeschoß der Chemie oder im Keller der Physik angesiedelt. Dieser Versuch, mit einem einzigen Satz aus dem Keller der Quantenmechanik in das Dachgeschoß des Bewußtseins zu springen, ist das, was ich als den „Traum des Hausmeisters" bezeichne.

Die Quantenmechanik ist wahrscheinlich in derselben Weise essentiell für das Bewußtsein, wie Kristalle einst essentiell für Radios waren, oder Zündkerzen essentiell für Verkehrsstaus sind. Notwendig, aber nicht hinreichend. Interessant um ihrer selbst willen, aber ein Thema, das nur entfernt etwas mit unserem geistigen Leben zu tun hat.

Doch weil Geist beziehungsweise Verstand (*mind*) scheinbar „etwas anderes" ist als bloße Materie, nehmen viele Menschen – allem bisher Gesagten zum Trotz – noch immer an, man benötige irgendeinen Spuk, um ihn zu erklären. Aber man sollte den Geist lieber mit einem Kristall vergleichen: Er besteht aus

derselben Materie und Energie wie alles übrige und ist nur zeitweilig in komplizierter Weise angeordnet. Das ist eine keineswegs neue Idee; lesen Sie, was Percy Bysshe Shelley Anfang des 19. Jahrhunderts dazu geschrieben hat:

> »Es war die Überzeugung einer überwiegenden Mehrheit der Menschen, daß Fühlen und Denken [im Gegensatz zur Materie] ihrer Natur nach weniger anfällig für Teilung und Zerfall sind, und daß, während der Körper sich in seine Elemente auflöst, das Prinzip, das ihn beseelt, ewig und unwandelbar überdauern wird. Doch ist zu vermuten, daß das, was wir Denken nennen, kein wirkliches Wesen ist, sondern nichts als die Beziehung zwischen gewissen Teilen jener unendlich vielfältigen Masse, aus der sich das restliche Universum zusammensetzt, eine Beziehung, die zu existieren aufhört, sobald diese Teile ihre Stellung zueinander wechseln.«

Die Muster des Verkehrsflusses im Gehirn sind weitaus komplizierter als diejenigen im Straßenverkehr; glücklicherweise gibt es in der Musik gewisse Ähnlichkeiten, die wir als Analogien gebrauchen können. Bewußtsein und Intelligenz zu verstehen, erfordert bessere Metaphern und neue Mechanismen, keinen Rückgriff auf Verbalakrobatik oder Mystik.

Geister sind eine andere Variante des Mystischen, und für unsere Analyse des kreativen geistigen Lebens lohnt es sich, einmal nachzuschauen, was aus dem Geisterkonzept geworden ist. Geister illustrieren den anderen wesentlichen kreativen Aspekt des Verstandes, die Rolle des Gedächtnisses.

Schon die Existenz des Wortes „Geist" in den meisten Sprachen deutet darauf hin, daß nicht wenige Menschen offenbar das Bedürfnis verspüren, über die unerklärlichen Dinge zu reden, die sie gesehen oder gehört haben. Warum glauben so viele Leute an die Existenz von Geistern? Nimmt die Vorstellung von einer körperlosen geistigen Welt an dieser Stelle ihren Anfang?

Wir wissen heute, daß Gespenster real erscheinen, weil Fehler im Gehirn auftreten. Einige davon sind triviale, alltägliche Fehler, andere erwachsen aus Anomalien im Traumschlaf, und wiederum andere werden von kleinen epileptischen Anfällen oder von den pathologischen Prozessen ausgelöst, die bei Psychosen auftreten. Wir nennen so etwas Halluzinationen; dabei kommt es häufiger zu täuschenden Tönen als zu täuschenden visuellen Eindrücken. Die Menschen und Tiere, die in diesen Halluzinationen vorkommen, sind oft kunterbunt gemischt, genau wie im Chaos unserer nächtlichen Träume.

Erinnern Sie sich daran, daß das, was Sie unter normalen Bedingungen sehen, seine Stabilität einem mentalen Modell verdankt, das Sie konstruieren. Ihre Augen springen hierhin und dorthin und erzeugen ein retinales Bild der Szene, das so „ruckt" wie ein Amateurvideo, und einiges von dem, was Sie zu sehen glauben, ist statt dessen aus dem Gedächtnis ergänzt worden. Bei einer Halluzination wird dieses mentale Modell ins Extrem getrieben: Gedächtnisinhalte, die in Ihrem Gehirn gespeichert sind, werden als aktuelle sensorische Eingangssignale interpretiert. Manchmal geschieht dies, wenn Sie gerade dabei sind, aufzuwachen, wenn die Muskelerschlaffung, die Sie während des Traumschlafs ergriffen hat, nicht so schnell zurückgegangen ist wie gewöhnlich. Dann können Traumelemente die Bilder von realen Menschen überlagern, die im Schlafzimmer umhergehen. Oder Sie hören vielleicht einen toten Verwandten, der Sie mit einem vertrauten Satz anredet. Mit etwas Glück realisieren Sie dies und versuchen nicht, es esoterisch zu deuten. Jeder von uns erlebt schließlich Nacht für Nacht im Traumschlaf die Symptome von Wahn, Täuschung und Halluzination am eigenen Leibe; wir sind gewöhnt, diesen Dingen keine Bedeutung zuzumessen.

Doch Halluzinationen können auch auftreten, wenn Sie nachts wachliegen oder wenn Sie tagsüber arbeiten. Ich vermute, daß viele dieser „Geister" nichts anderes sind als einfache kognitive Fehler, wie der, der mir vor kurzem widerfuhr: Ich hörte deutlich ein mahlend-knirschendes Geräusch in der Küche, das sich einen Moment später wiederholte. Aha, dachte ich, während ich weitertippte, die Katze frißt endlich ihr Trockenfutter. Es dauerte weitere zwei Sekunden, bis ich innehielt, weil mir einfiel, daß die Katze leider vor mehreren Monaten gestorben und in der Zeit davor ziemlich heikel mit ihrem Futter gewesen war. Was ich leise vernommen hatte, stellte sich als der automatische Entfroster unseres Gefrierschranks heraus, und ich hatte nach den „Erfahrungswerten" geraten, was das Geräusch bedeutete, jedoch ohne alle Parameter in Rechnung zu ziehen.

Wir raten ständig, und, wenn wir ein schwaches Geräusch hören, ergänzen wir die Details. Eine quietschende Tür, die vom Wind bewegt wird, kann dem Ich-will-mein-Futter-Gewinsel Ihres treuen verstorbenen Hundes so nahe kommen, daß Sie den Hund „wiederhören". Wenn diese Erinnerung einmal heraufbeschworen worden ist, kann es sehr schwierig sein, sich den Ton, den Sie tatsächlich gehört haben, nochmals ins Gedächtnis zu rufen – und so wird aus den aus dem Gedächtnis ergänzten Details eine wahrgenommene Realität. Das ist nicht ungewöhnlich, wie William James bereits vor einem Jahrhundert bemerkte; wir machen so etwas ständig:

»Wenn wir jemandem zuhören, der redet, oder eine Druckseite lesen, stammt viel von dem, was wir zu sehen oder zu hören meinen, aus unserem Gedächtnis. Wir übersehen Druckfehler, stellen uns die richtigen Buchstaben vor, obgleich wir die falschen sehen. Wie wenig wir tatsächlich hören, wenn wir einer Rede lauschen, merken wir, wenn wir in ein fremdsprachiges Theater gehen; denn was uns dort stört, ist weniger, daß wir nicht verstehen können, was die Schauspieler sagen, sondern daß wir ihre Worte nicht hören können. Tatsache ist, daß wir unter gleichen Bedingungen zu Hause ebensowenig hören, nur ist unser Geist mit englischen Verbalassoziationen angefüllt und liefert uns die zum Verständnis erforderlichen Requisiten auf einen viel schwächeren auditorischen Hinweis hin.«

Dieses Ergänzen aus dem Gedächtnis ist Teil dessen, was man als *kategoreale Wahrnehmung* bezeichnet; wir nennen es dann eine Halluzination, wenn wir nicht wissen, was es ausgelöst hat. Wenn sich ein Geräusch nicht wiederholt, können wir unsere ergänzte Wahrnehmung nicht mehr mit dem Original vergleichen; glücklicherweise können wir da, wo es um visuelle Phänomene geht, oft noch einmal hingucken und den Fehler finden, bevor wir „der Erscheinung" verfallen.

Wir wissen heute, daß Beeinflußbarkeit (man braucht nicht einmal Hypnose dazu) und Streß (es muß nicht einmal Trauer sein) unsere natürliche Neigung verstärken, voreilige Schlüsse zu ziehen, so daß wir Erinnerungen als gegenwärtige Wirklichkeit interpretieren. Wenn ich unter Streß gestanden hätte, hätte ich vielleicht nicht nach einer alternativen Erklärung gesucht, bis es zu spät gewesen wäre, in die Küche zu gehen und die wahre Quelle des Geräuschs zu finden. Später, wenn ich mich daran erinnert hätte, die tote Katze „gehört" zu haben, wäre ich vielleicht auf eine der üblichen unwissenschaftlichen Erklärungen verfallen, wie „Es war ein Gespenst!" oder „Ich bin dabei, den Verstand zu verlieren! Vielleicht ist es Alzheimer!" Beide

Möglichkeiten sind erschreckend, und beide sind höchst unwahrscheinlich. Wenn sie aber die einzigen Erklärungen sind, die Ihnen einfallen, dann können Sie sich ziemlich unglücklich machen.

Haben wissenschaftliche Erklärungen die Geister aus unserer Kultur vertrieben? Zumindest für diejenigen, die sich ihr kindliches Gemüt erhalten haben, bleibt der Glaube an Gespenster ein preiswerter Nervenkitzel (aus demselben Grund sind Dinosaurier bei Kindern so beliebt: Sie sind groß, furchterregend und liegen sicher unter der Erde). Schläfenlappen-Epileptiker halten Gespenster, bis ihnen ein Arzt ihre Halluzinationen erklärt, keineswegs für lustig. Trauernde Verwandte wünschten vielleicht im Nachhinein, daß sie jemand vor bedeutungsleeren Halluzinationen gewarnt hätte.

In diesem Fall kann die Wissenschaft (zumindest für diejenigen, die eine entsprechende Bereitschaft mitbringen) das aufklären, was einst ein angstbehaftetes Rätsel war. Die Wissenschaft ermöglicht uns nicht nur, bessere Technologien zu schaffen, sie hilft uns auch, Schwierigkeiten von vorneherein zu vermeiden. Wissen kann wie ein Impfstoff sein, der Sie gegen falsche Ängste und schlechte Strategien immunisiert.

Es gibt eine zweite neurowissenschaftliche Geistergeschichte: Der „Geist in der Maschine", ein wunderbarer Ausdruck des Philosophen Gilbert Ryle, bezieht sich auf die „Kleiner-Mann-im-Kopf"-Manier, in der wir gemeinhin auf unser „zweites Ich" im Inneren unseres Gehirns verweisen. Dies hat einige Forscher dazu gebracht, von dem „Interface" zwischen „Geist" und Gehirn, zwischen dem Bekannten und dem Unbekannten, zu sprechen. Descartes Epiphysentheorie, von den neuen Mystikern in ein modernes Gewand gekleidet?

Es gelingt uns heute immer öfter, solche Pseudogeister durch bessere physiologische Analogien zu ersetzen – in manchen

Fällen sogar durch reale Gehirnmechanismen. Gerade so, wie eine frühere Wissenschaftlergeneration die Gespenster der äußeren Welt verbannte, wünsche ich mir, daß unser sich gerade entwickelndes Wissen über die Substrate des Geistes dazu beiträgt, den Leuten eine klarere Vorstellung von sich selbst zu vermitteln und ihre Erfahrungen zuverlässiger zu interpretieren, und Psychiatern hilft, die Symptome von Geisteskrankheiten zu deuten.

Die Bewußtseins-Physiker mit ihrer Lösung auf der Suche nach einem Problem wollen sicherlich keine weitere Geistergeschichte erzählen. Es macht ihnen lediglich Spaß, nach Art von Science-Fiction-Schriftstellern zu spekulieren. (Stellen Sie sich jedoch einmal vor, wie seltsam es wäre, wenn Neurowissenschaftler über die Rätsel der Physik zu spekulieren begännen, selbst solche Neurowissenschaftler – und das sind nicht wenige –, die mehrere Vorlesungsreihen über Quantenmechanik besucht haben.) Aber warum nehmen sich diese Physiker so ernst, wenn sie doch ein Dutzend Organisationsebenen außerhalb ihres Spezialgebiets ignorieren? In der Spezialisierung selbst liegt vielleicht ein Teil der Antwort, gleichzeitig demonstriert sie einen der Fallstricke der Intelligenz.

Bei der Spezialisierung in der Wissenschaft geht es darum, Fragen zu stellen, die sich beantworten lassen. Dazu ist es erforderlich, sich auf die Details zu konzentrieren – und das verlangt viel Zeit und Energie. Niemand von uns wollte eigentlich diese wunderbaren Debatten über die „großen Fragen" aufgeben, die wir als Studenten geführt haben. Diese Fragen waren uns lieb und teuer. Sie waren das, was uns vor allem an der Wissenschaft reizte. Und diese Fragen sind nicht überflüssig wie die Geister. Doch die spätere intellektuelle Entwicklung forschender Wissenschaftler kommt mir manchmal vor wie das Warten in einer Kanalschleuse, während der Wasserspiegel fällt.

Zumindest in Seattle ist es so, als säße man in einer giganti-
schen Badewanne mit Blick auf Wasserfläche, Fischtreppen,
Berge und Zuschauer. Sobald der Stöpsel herausgezogen wird,
sinkt Ihr Boot, und Ihre Aufmerksamkeit wird von den sich
bildenden Strudeln und Wirbeln in der Schleuse gefangenge-
nommen, die Ihr Boot durchschütteln. Diese Wasserformationen
sind faszinierend. Wenn Sie ein Ruder in einen solchen Wirbel
stecken, können Sie sekundäre Wirbel erzeugen. Selbstähnlich-
keitsttheorien drängen sich ganz von selbst auf, und so beginnt
eine Degression in Fraktale.

Sollten Sie von Ihrem Experimentieren und Theoretisieren in
dieser überdimensionalen Badewanne einmal ablassen und nach
oben blicken, so ist Ihre Umgebung zu einem rechteckigen
Stückchen Himmel zusammengeschrumpft. Nun blicken Sie aus
dem Inneren einer großen, nassen Kiste heraus, deren Wände
ein- bis zwei Stockwerke hoch sind. In dem Fleck Sonnenlicht
an der Nordwand der Kiste tanzen die Schatten einiger Leuten,
die oben am Schleusenrand stehen. Wie in Platos Höhle beginn-
nen Sie, die Schatten an den Wänden zu deuten, und stellen
unzulängliche Vermutungen über das auf, was da oben vor sich
geht. Was wie zwei Leute erscheint, die aufeinander einprügeln,
stellt sich als eine Person heraus, die vor der anderen steht und
beim Reden heftig gestikuliert.

Spezialisierung kann so ähnlich sein – kein großes Ganzes
mehr, bis Sie gelegentlich zum Luftschnappen an die Oberfläche kommen und die ganze Szenerie bewundern, alles im Zusammenhang sehen.

Der Preis des Fortschritts ist oft eine mangelnde Vertrautheit
mit anderen Organisationsebenen, mit Ausnahme derjenigen direkt über oder unter Ihrem Spezialgebiet. (Ein Chemiker weiß
vielleicht einiges über Biochemie und Quantenmechanik, aber
nicht viel über Neuroanatomie.) Wenn Sie keine Daten außer

denjenigen zur Verfügung haben, die Ihnen Ihr eigenes geistiges
Leben liefert, dann ist es leicht, phantasievolle Interpretationen
der Schatten an der Wand zu ersinnen. Dennoch ist es manchmal das beste, was man erreichen kann, und Plato und Descartes
haben in ihrer Zeit Bedeutendes geleistet.

Aber wenn man mehr erreichen kann, warum soll man sich
mit Schattenboxen zufriedengeben? Oder weiter Wortakrobatik
betreiben? Ein Wort an sich ist, wie man schließlich feststellen
wird, eine sehr schlechte Annäherung an den Vorgang, den es
beschreibt. Am Ende dieses Buches wird der Leser, so hoffe ich,
in der Lage sein, sich einige neuronale Prozesse vorzustellen,
die zu Bewußtsein führen könnten – Prozesse, die rasch genug
arbeiten können, um eine schnell reagierende Intelligenz zu
schaffen.

Unser geistiges Lebens zu beschreiben, hat einen bekannten
Haken, die alte Subjektivitätsfalle, die mit dem Standpunkt assoziiert ist, aber es gibt zwei weitere Strudel, die wir ebenfalls
umschiffen müssen.

Der Standpunkt des passiven Beobachters in der mentalen
Mitte zwischen Empfinden und Handeln führt zu einer ganzen
Reihe unnötiger philosophischer Schwierigkeiten. Teilweise ist
das so, weil Empfinden nur die eine Seite der Medaille darstellt
und wir dabei seine Rolle bei der Vorbereitung des Handelns
ignorieren. Einige der komplexeren Kopplungen von Empfinden und Handeln werden als „corticale Reflexe" bezeichnet,
aber wir müssen auch verstehen, wie Denken auf intelligente
Weise mit Handeln gekoppelt ist, wenn wir nach einem neuarti-
gen Handlungsablauf suchen. Die mentale Mitte zu ignorieren,
wie es die Behavioristen vor einem halben Jahrhundert getan
haben, ist langfristig keine Lösung. Neurowissenschaftler untersuchen heute oft die Vorbereitung auf eine Bewegung; das
bringt uns näher an den Denkvorgang heran.

Wir sprechen häufig über unsere geistigen Aktivitäten, als seien sie in eine sensorische, eine Denk- und eine Handlungsphase unterteilt. Aber das bringt uns in Schwierigkeiten, weil nur wenige Dinge an einem einzigen Punkt in Raum und Zeit passieren. An allen interessanten Vorgängen im Gehirn sind raum-zeitliche Muster zellulärer Aktivität beteiligt – nicht unähnlich demjenigen, das eine Melodie entstehen läßt, wobei der Raum das Keyboard oder die Tonleiter ist. All unsere Empfindungen sind Muster in Raum und Zeit, wie die Empfindung in Ihren Fingern, wenn Sie sich anschicken, die nächste Seite umzublättern. Daher sind auch all unsere Bewegungen raum-zeitliche Muster, an denen die verschiedenen Muskeln und Zeiten beteiligt sind, zu denen sie aktiviert werden. Wenn Sie die Seite umblättern, aktivieren Sie etwa ebensoviele Muskeln wie beim Klavierspielen (und nur dann, wenn Ihr Timing genau richtig ist, wird es Ihnen gelingen, die nächste Seite von den folgenden zu trennen). Dennoch versuchen wir häufig, mentale Ereignisse zu verstehen, indem wir sie behandeln, als ob sie tatsächlich an einem einzigen Punkt aufträten und in einem einzigen Moment abliefen.

Aber das, was in der mentalen Mitte steht, ist ebenfalls ein raum-zeitliches Muster – die elektrische Entladung verschiedener Neuronen –, und wir sollten nicht davon ausgehen, daß diese Entladungen durch einen einzigen Punkt im Raum (wie einem bestimmten Neuron) geschleust werden und eine Entscheidung an einem einzigen Punkt in der Zeit (wie dem Moment, in dem ein bestimmtes Neuron einen Impuls aussendet) getroffen wird, als ob eine Wahrnehmung oder ein Gedanke darin bestünde, einmal eine einzelne Note zu spielen. Ich kenne nur einen einzigen solchen Fall bei Wirbeltieren (gelegentlich macht es die Natur den Neurophysiologen auch mal einfach): Es ist ein Fluchtreflex bei Fischen, der zuvorkommenderweise durch ein einzelnes, großes Stammhirnneuron kanalisiert wird, dessen Entladung zu einem heftigen Schwanzschlag führt. An höheren Funktionen sind jedoch stets große, überlappende Zellverbände beteiligt, deren Aktivitäten sich in der Zeit ausbreiten, und das ist ein schwierigeres Konzept. Um höhere intellektuelle Funktionen zu verstehen, muß man sich die raum-zeitlichen Muster des Gehirns anschauen, die Melodien der Großhirnrinde.

Wir müssen jedoch nicht nur die navigatorischen Klippen umschiffen, sondern auch unsere Bausteine sorgfältig auswählen, um nicht lediglich ein Rätsel durch ein anderes zu ersetzen. Ein voreilig verkündeter Schluß der Debatte ist die augenfälligste Gefahr bei der Wahl der Bausteine – manchmal hören wir zu früh damit auf, mögliche Mechanismen in Erwägung zu ziehen, wie dann, wenn wir Geister oder Quantenfelder zur Erklärung heranziehen.

Wir müssen uns auch vor „Erklärungen" wie dem New-Age-Motto „Alles hängt mit allem zusammen" und vor reduktionistischen Schlüssen auf einem ungeeigneten Organisationsniveau hüten (einen Fehler, den die Bewußtseins-Physiker und die ecclesiastischen Neurowissenschaftler meiner nicht ganz so bescheidenen Meinung nach begehen).

Das geistige Leben zu erklären, ist eine große Aufgabe, und Sie haben vielleicht festgestellt, daß dies hier ein relativ dünnes Buch ist. Wie angekündigt, möchte ich, statt weiterhin verschiedene Bedeutungen des Begriffs „Bewußtsein" auszuloten, das Thema anders angehen und mich auf die Strukturen unseres geistigen Lebens konzentrieren, die mit Intelligenz assoziiert sind. Bei Intelligenz geht es um Improvisieren, darum, ein umfangreiches Repertoire von Verhaltensweisen zu schaffen, „gute Züge" für verschiedene Situationen zu entwickeln. Wenn man den Schwerpunkt auf Intelligenz legt, so deckt man einen großen Teil des Gebietes ab, das man bearbeitet, wenn man sich auf Bewußtsein konzentriert – aber man umschifft viele der navigatorischen Klippen. Am wichtigsten ist jedoch, daß das Repertoire an guten Zügen ein Endpunkt ist, der sich sehr stark von den Momentaufnahmen passiver Betrachtung unterscheidet. Sicherlich läßt sich eine Kontinuität zwischen uns selbst und dem übrigen Tierreich leichter finden, wenn wir uns auf das Thema „Intelligenz" konzentrieren, statt uns mit dem Kuddelmuddel herumzuplagen, das wir erzeugen, wenn wir über tierisches „Bewußtsein" reden. Und daher ist es unsere nächste Aufgabe, uns anzusehen, wo gute Voraussagen ihren evolutionären Ursprung haben könnten.

Das Paradoxon des Bewußtseins – je mehr Bewußtsein man hat, desto mehr Verarbeitungsschichten trennen einen von der Welt – ist, wie so vieles in der Natur, ein Tauschgeschäft. Eine wachsende Distanzierung von der äußeren Welt ist einfach der Preis, der gezahlt werden muß, um überhaupt irgendetwas über die Welt zu wissen. Je tiefer und breiter [unser] Bewußtsein von der Welt wird, umso komplexer die Verarbeitungsschichten, die nötig sind, um dieses Bewußtsein zu erlangen.

DEREK BICKERTON, Language and Species, *1990*

4 Die Evolution intelligenter Tiere

Die Menschenaffen, die ich kenne, verhalten sich in jedem Augenblick, in dem sie leben und atmen, als ob sie einen Geist hätten, der stark meinem eigenen ähnelt. Vielleicht denken sie nicht an so viele Dinge wie ich und auch nicht so tiefgreifend, und sie planen vielleicht auch nicht so weit voraus. Menschenaffen stellen Werkzeuge her und koordinieren ihre Handlungen, wenn sie Kleinaffen oder eine andere Beute jagen. Aber bisher hat man bei keinem Menschenaffen soviel Vorausplanung beobachtet, daß er die Fähigkeiten der Werkzeugherstellung und des Jagens zu dem gleichen gemeinsamen Zweck einsetzen würde. Das spielte erst im Leben der frühen Hominiden eine wesentliche Rolle. Die größeren Fähigkeiten, die ich als Mensch besitze, sind der Grund, daß ich meine eigene Behausung bauen, mein eigenes Geld verdienen und niedergeschriebenen Gesetzen gehorchen kann. Sie ermöglichen mir, mich als zivilisierte Person zu verhalten, aber sie bedeuten nicht, daß ich denke, *während Affen nur* reagieren.*

SUE SAVAGE-RUMBAUGH, *1994*

Die *Wie*-Fragen beantworten heißt häufig, der Beantwortung einer *Warum*-Frage näherzukommen. Denken Sie dabei aber daran, daß die Antworten auf *Wie*-Mechanismen in zwei extremen Formen auftreten können, die manchmal als unmittelbare (proximate) und mittelbare (ultimate) Ursachen bezeichnet werden. Selbst Profis werfen beides ab und zu durcheinander, nur um dann irgendwann festzustellen, daß sie über zwei Seiten derselben Medaille diskutiert haben; daher vermute ich, daß an dieser Stelle ein paar Worte zum Hintergrund angebracht sind.

Wenn Sie fragen „Wie funktioniert das?", meinen Sie manchmal *wie* in einem kurzgefaßten, mechanischen Sinn: Wie funktioniert etwas bei einer Person, jetzt in diesem Augenblick? Aber manchmal meinen Sie *wie* in einem langfristigen, umgestaltenden Sinn – beispielsweise, wenn es um eine Reihe von Tierpopulationen geht, die sich im Laufe der artspezifischen Evolution verändern. Die physiologischen Mechanismen, die intelligentem Verhalten zugrunde liegen, sind die unmittelbaren *Wie*-Fragen, die prähistorischen Mechanismen, aufgrund derer sich unser gegenwärtiges Gehirn entwickelt hat, sind die andere, die mittelbare Form des *Wie*. Manchmal können Sie etwas in dem einen Sinne „erklären", ohne den anderen Sinn des *Wie* auch nur zu streifen. Ein solch falsches Gefühl der Vollständigkeit verleitet natürlich dazu, betriebsblind zu werden.

Zudem gibt es in beiden Fällen verschiedene Erklärungsebenen. Man kann physiologische *Wie*-Fragen auf verschiedenen Organisationsebenen stellen. Bewußtsein wie auch Intelligenz bilden den Kulminationspunkt unseres geistigen Lebens, doch sie werden häufig mit elementareren geistigen Vorgängen durcheinandergeworfen – mit dem, was wir brauchen, um einen Freund wiederzuerkennen oder einen Schnürsenkel zur Schleife zu binden. Solche einfacheren neuronalen Mechanismen stellen natürlich vermutlich die Grundlagen, aus denen sich im Laufe der Evolution unsere Fähigkeit entwickelt hat, mit Logik und Metaphern umzugehen.

Evolutionäre *Wie*-Fragen weisen ebenfalls eine Reihe von Erklärungsebenen auf: Die Aussage „Dafür ist eine Mutation verantwortlich!" ist vermutlich keine brauchbare Antwort auf eine evolutionäre Frage, bei der es um ganze Populationen geht. Wenn wir unsere Intelligenz im Detail verstehen wollen, so erfordert dies physiologische wie auch evolutionäre Antworten auf verschiedenen Ebenen. Solche Antworten können uns möglicherweise sogar dabei helfen, uns vorzustellen, wie sich eine künstliche oder fremde Intelligenz entwickeln könnte – im Gegensatz zu einer Schöpfung nach einem Entwurf „von oben herab".

Jedermann bewunderte die Weißkopfseeadler, während unser Kreuzfahrtschiff die enge Durchfahrt am oberen Ende der Straße von Georgia, zwischen Vancouver Island und dem Festland von British Columbia, passierte. Ein Adlernest reihte sich an das andere, und überall waren die Elternvögel eifrig damit beschäftigt, offene Mäuler zu stopfen.

Ich selbst beobachtete derweil den Raben. Er hatte eine Muschel gefunden und versuchte gerade, die Schale aufzubrechen, um an die Innereien zu gelangen, denen es bisher erfolgreich gelungen war, die beiden Schalenhälften fest zusammenzuhalten. Der Vogel nahm die Muschel in seinem Schnabel, flog mehrere Stockwerke hoch und ließ sie dann auf ein Stück Felsstrand fallen. Das mußte er mehrfach wiederholen, bis er schließlich darangehen konnte, sein Mahl aus der zerschmetterten Schale zu picken.

War das instinktives Verhalten, erlernt durch Beobachtung anderer oder durch Versuch und zufälligen Erfolg, oder aber war es eine intelligente neue Erfindung? Hatte irgendein Rabenvorfahr das Problem analysiert und dann die Lösung erraten? Es fällt uns nicht leicht, die Zwischenschritte zwischen „Reagieren" und „Denken" zu erkennen, aber wir sind felsenfest davon überzeugt, daß das Motto „je mehr desto besser" gilt – mehr Verhaltensoptionen sind besser als weniger.

Die Natur ist voller Spezialisten, die eine Sache sehr gut beherrschen, ohne dabei nach rechts oder links zu sehen – wie ein Charakterschauspieler, der nur einen einzigen Rollentyp spielt, aber keinerlei Repertoire hat. Die meisten Tiere sind Spezialisten. Der Berggorilla beispielsweise frißt Tag für Tag 50 monotone Pfund gemischtes Grünzeug. Die Nahrungspalette des Großen Pandas ist noch viel stärker spezialisiert; er frißt ausschließlich Bambussprossen.

Um das zu finden, was sie gerne fressen, müssen weder Gorillas noch Pandas gescheiter sein als ein Pferd. Ihre Vorfahren mußten vielleicht in einer anderen Nische Intelligenz beweisen, doch heute haben sich Gorilla und Panda in eine Nische zurückgezogen, die nicht viel Intelligenz verlangt. Dasselbe gilt für die mit großen Gehirnen ausgestatteten Meeressäuger, denen wir auf unserer Alaska-Kreuzfahrt begegneten – diese Tiere ernähren sich heute in mehr oder weniger derselben Weise wie die kleinhirnigen Fische, die sich darauf spezialisiert haben, andere Fische zu fressen.

Im Vergleich dazu haben Schimpansen eine abwechslungsreiche Nahrungspalette: Früchte, Termiten, Blätter – sogar Fleisch, wenn sie das Glück haben, einen kleinen Affen oder ein junges Schwein zu fangen. Daher müssen sich Schimpansen häufig umstellen, und das verlangt eine Menge geistiger Flexibilität. Aber welche Faktoren helfen dabei, ein breites Repertoire aufzubauen? Man kann mit vielen Bewegungsprogrammen geboren sein, sie erlernen oder bereits existierende Programme so kombinieren, daß sie plötzlich zu neuen Verhaltensweisen führen. Allesfresser wie Krähe, Braunbär und Schimpanse verfügen über viele Handlungsmöglichkeiten, einfach deshalb, weil ihre Vorfahren häufig zwischen verschiedenen Nahrungsquellen hin- und herwechseln mußten. Allesfresser benötigen auch deutlich mehr sensorische Schablonen oder Muster – Bilder und Geräusche, nach denen sie suchen.

Andere Möglichkeiten, neuartige Verhaltensweisen zu erproben, bieten sich im sozialen Zusammenleben und im Spiel; beides schafft Gelegenheit, neue Kombinationen entdecken. Wenn es darum geht, einen Vorrat an erlernten und innovativen Verhaltensweisen zu sammeln, ist ein langes Leben sicherlich von Vorteil. Schlaue Tiere haben sich in verschiedenen Zweigen des Wirbeltierstammbaumes entwickelt – Raben bei den Vögeln, Wale, Bären, die Primatenlinie bei den Säugern.

Wenn es aber in den meisten Fällen auf Spezialisierung hinausläuft, was wirkt dann auf eine erhöhte Flexibilität hin? „Eine unbeständige Umwelt" lautet eine Antwort – eine Antwort, die den Umweltfaktor bei der natürlichen Selektion (auch Zuchtwahl, Auslese) betont. Aber lassen Sie mich mit einem anderen Faktor beginnen, der einen wichtigen Beitrag zur geistigen Differenziertheit geleistet hat: dem sozialen Zusammenleben, bei dem die sexuelle Selektion als ein Aspekt der natürlichen Selektion eine Rolle spielt.

Soziale Intelligenz ist ein weiterer Aspekt der Intelligenz: Ich beziehe mich dabei nicht nur auf den Nachahmungseffekt, sondern ich meine die Herausforderungen, die das soziale Zusammenleben (das Leben in Gruppen) mit sich bringt – Herausforderungen, die innovative Problemlösungen erfordern. Der britische Psychologe Nicholas Humphrey beispielsweise hält die soziale Interaktion, nicht den Werkzeuggebrauch, für den entscheidenden Faktor bei der Hominidenevolution.

Sicherlich stellt das soziale Zusammenleben einen enormen Antrieb für ein erweitertes Handlungsrepertoire dar. Einige Tiere leben mit ihren Artgenossen nicht lange genug zusammen, um aus Beobachtung lernen zu können. Abgesehen von kurzen Paarungsbegegnungen treffen erwachsene Orang-Utans selten auf Artgenossen, denn ihre Nahrungsquellen sind so dünn gesät, daß ein einziger Erwachsener für seinen Unterhalt ein großes Gebiet benötigt. Eine Mutter und ein Junges stellen bereits die größte soziale Gruppe dar, die man bei Orangs findet (abgesehen von den vorübergehenden Allianzen, die Heranwachsende bilden), daher gibt es nicht viel Gelegenheit zum Kulturtransfer.

Soziales Zusammenleben erleichtert nicht nur die Ausbreitung neuer Techniken, sondern es ist auch voller „zwischenmenschlicher" Probleme, die gelöst werden müssen; man denke nur an die Hackordnung. Ein schwächeres Tier ist vielleicht gezwungen, sein Futter vor den Blicken eines dominanten Tieres verbergen, um es allein verzehren zu können. Jedes Gruppenmitglied benötigt zahlreiche sensorische Muster, um nicht ein Tier mit einem zu anderen verwechseln, und ein gutes Gedächtnis, um sich an die verflossenen Interaktionen mit allen seinen Gefährten zu erinnern. Die Herausforderungen des sozialen Lebens gehen deutlich über die üblichen Umweltherausforderungen (zu überleben und sich fortzupflanzen) hinaus, denen sich der einzelgängerische Orang-Utan gegenübersieht. Es sieht daher so aus, als sei soziales Zusammenleben ein zentraler Punkt für das kulturelle Sammeln von Handlungsvarianten – wenn ich auch dennoch vermute, daß dem Rudeltier Hund das geistige Potential des einzelgängerischen Orangs abgeht.

An der natürlichen Selektion in Richtung soziale Intelligenz sind nicht die üblichen Überlebensfaktoren beteiligt, die sonst als Argumente für die Anpassung angeführt werden. Die Vorteile sozialer Intelligenz manifestieren sich statt dessen primär in Form der *sexuellen Zuchtwahl*, wie Darwin es nannte. Nicht alle Erwachsenen geben ihre Gene weiter. Bei Paarungssystemen im Haremsstil haben nur einige wenige Männchen die Chance, sich zu paaren, nachdem sie die anderen Männchen überlistet oder überwunden haben. In Paarungssystemen, bei denen die Weibchen die Auswahl haben, ist es für Männchen sicherlich wichtig, als akzeptabler Sozialpartner angesehen zu werden; Männchen müssen zum Beispiel Geschick bei der gegenseitigen Fellpflege (*grooming*) beweisen, bereit sein, ihr Futter zu teilen, und so weiter. Das Männchen, das das Herannahen des Östrus eher bemerkt als andere Männchen und das Weibchen dazu „überreden" kann, sich mit ihm für die Zeit des Östrus in die Büsche zu schlagen, hat selbst in einem promisken Paarungssystem eine viel größere Chance, seine Gene weiterzuvererben, als andere Männchen. (Und dieser „Am-Zopf-aus-dem-Sumpf"-Mechanismus per Damenwahl könnte mehr als nur die Intelligenz verbessern: Ich argumentiere an anderer Stelle, daß eine derartige Damenwahl ein ausgezeichnetes Mittel gewesen wäre, sprachliche Fähigkeiten zu verbessern – dann nämlich, wenn eine Frau darauf bestünde, daß die sprachlichen Fähigkeiten ihres Erwählten wenigstens so gut sind wie ihre eigenen.)

> *Soziale Primaten sind durch das System, das sie schaffen und unterhalten, geradezu gezwungen, berechnende Wesen zu sein; sie müssen in der Lage sein, sowohl die Folgen ihres eigenen Verhaltens als auch die möglichen Verhaltensweisen anderer richtig einzuschätzen und eine Gewinn-Verlust-Rechnung aufzustellen – und all das in einem Kontext, in dem die Beweislage, auf denen ihre Berechnungen fußen, kurzlebig, mehrdeutig und leicht veränderlich ist – nicht zuletzt aufgrund ihrer eigenen Handlungen. In einer solchen Situation geht „soziales Geschick" Hand in Hand mit Intellekt, und hier endlich sind intellektuelle Spitzenleistungen gefordert. Das Spiel von sozialem Komplott und Gegenkomplott läßt sich nicht allein auf der Basis von angesammeltem Wissen spielen … Es erfordert ein Intelligenzniveau, das, so möchte ich bemerken, in keiner anderen Lebenssphäre Parallelen findet.*
>
> NICHOLAS HUMPHREY,
> Consciousness Regained, *1984*

Am häufigsten tritt Umweltstreß, der die natürliche Selektion eventuell vorantreiben könnte, in den gemäßigten Zonen auf.

Einmal pro Jahr gibt es einen Zeitraum von einigen Monaten, in denen das Pflanzenwachstum weitgehend ruht. Gras (das selbst im Ruhezustand noch nahrhaft ist) zu fressen ist eine Strategie, um durch den Winter zu kommen. Eine andere Strategie, die weitaus mehr flexible neuronale Mechanismen verlangt, besteht darin, die Tiere zu fressen, die Gras fressen. Die heute noch existierenden wilden Menschenaffen leben alle in Äquatornähe; obgleich sie mit Trockenzeiten fertig werden müssen, ist dies kein Vergleich zum winterlichen Ressourcenrückgang in den gemäßigten Breiten.

Klimaveränderung ist der zweite Kandidat auf der Liste der am häufigsten wiederkehrenden Streßfaktoren; selbst in den Tropen kommt es vor, daß jährliche Wettermuster in einen anderen Modus übergehen. Jahrelange Dürreperioden sind ein bekanntes Beispiel, aber gelegentlich können sie Jahrhunderte oder gar Jahrtausende andauern. In einigen Fällen gibt es klimatische Modi, die zustandsabhängig sind. Ein Beispiel dafür ist Glacier Bay, westlich von Juneau. Als Forscher vor 200 Jahren die Mündung von Glacier Bay passierten, berichteten sie, die Bucht sei voller Eis. Heute haben sich die Gletscher fast 100 Kilometer weit zurückgezogen, und Glacier Bay ist zum Meer hin wieder offen. Eine Reihe großer Gletscher ist in den Seitentälern zurückgeblieben, und unser Schiff schipperte in respektvollem Abstand an einer dieser Eiswände vorbei; wir konnten zusehen, wie große Blöcke aus der Wand brachen und ins Meer stürzten.

Als ich mit einem Geologen an Bord über die örtlichen Gletscher sprach, erfuhr ich, daß sich einige auf dem Vormarsch (wie diejenigen, die wir bestaunten), andere auf dem Rückzug befanden. Vormarsch und Rückzug zur gleichen Zeit, sogar im selben Tal, unter den gleichen klimatischen Verhältnissen? Was geht da vor sich? wollte ich wissen.

Es sieht so aus, als könne ein Gletscher über Jahrhunderte oder Jahrtausende hinweg im „Vorwärtsgang" steckenbleiben, selbst wenn sich das Klima in der Zwischenzeit abkühlt. Beispielsweise kann es passieren, daß sich im Laufe einiger heißer Sommer eine Schmelzwasserschicht unter dem Gletscher bildet, die die Verzahnung mit dem Untergrund erodiert, so daß der Gletscher schneller zu Tal gleitet kann, selbst wenn kein Eis mehr schmilzt. Das wiederum führt dazu, daß das Eis leichter bricht, wenn es sich über Erhebungen schiebt, wodurch sich vermehrt vertikale Spalten öffnen. Jeder Schmelzwassertümpel auf der Oberfläche kann sich nun nach unten, zum Grundgestein hin, entleeren, die Kufen weiter schmieren und die Schlittenpartie beschleunigen. Allmählich beginnt der riesige Berg aus Eis zu kollabieren, indem er sich nach den Seiten hin ausbreitet. Schließlich haben Sie eine sogenannte Gletscherwoge (*glacial surge*) vor sich, die sich mit einigen Kilometern pro Monat vorwärtsbewegt – aber in Glacier Bay drückt das Eis in den Ozean, der gigantische Brocken losreißt und sie in wärmeres Klima verdriftet, wo sie schließlich schmelzen.

Später kamen wir am Hubbard Glacier vorbei, einer Eisklippe, fünf Kilometer lang und höher als unser Schiff. Immer wieder stürzten große Eisblöcke, von den Wellen losgerissen, in die See. Rechter Hand von Yakutat Bay konnten wir zum Russel-Fjord hinübersehen. Nur zehn Jahre zuvor war der Eingang zu diesem Fjord von einer Gletscherwoge des Hubbard Glacier blockiert worden. Der Gletscher schob sich schneller vor, als die Wellen ihn abschleifen konnten, also kroch er an der Mündung des Fjords vorbei und verschloß ihn wie ein Damm. Der Wasserspiegel hinter dem Eisdamm begann anzusteigen und bedrohte die gefangenen Meeressäuger, weil das Salzwasser zunehmend durch schmelzendes Süßwasser verdünnt wurde. Als

der Wasserspiegel der Sees etwa zwei Stockwerk hoch über dem
Meeresspiegel lag, brach der Eisdamm.

Wir im Staat Washington wissen über solche Gletscherwogen
Bescheid, denn sie haben den Columbia River vor etwa 13 000
Jahren mindestens 59mal blockiert; jedesmal brach der Eisdamm, eine Wasserwand raste mitten durch den Staat Washington, hobelte das Terrain auf seinem Weg zum Meer ab und
verwandelte es in eine Plateaulandschaft, die sogenannten
„Scablands". (Vielleicht warnte das ohrenbetäubende Getöse,
mit dem sich der Dammbruch ankündigte, all diejenigen, die
gerade in den umliegenden Flußtälern auf Lachsfang waren, so
daß sie die Beine in die Hand nehmen und sich auf die Hügel
rundum retten konnten.)

Das Eindämmen eines Fjords könnte sogar noch ernstere Folgen gehabt haben. Fjorde werden oft von wandernden Gletschern vom Meer abgeschnitten, genauso wie Bergtäler zeitweise von dem Geröll zugemauert werden, das eine Lawine abla-
gert. Aber eingedämmte Fjorde sind natürliche Süßwasserspei-
cher, und wenn der Eisdamm schließlich bricht, ergießen sich
riesige Mengen Süßwasser in den angrenzenden Ozean – die
Menge eines halben Jahres innerhalb eines halben Tages. Dieses
Süßwasser legt sich wie eine Decke auf das Meer, da es leichter
ist als Salzwasser, und mischt sich erst später mit dem Salzwasser. Diese Süßwassereinmischung an der Oberflächenschicht
kann im Fall der Grönlandfjorde einschneidende Konsequenzen
haben: Es ist potentiell ein Mechanismus, um den Golfstrom,
der Europa wärmt, einige Jahrhunderte lang stillzulegen – ein
Thema, auf das ich gleich noch zurückkommen werde.

Ich erzähle Ihnen das alles, um darauf hinzuweisen, daß zwischen dem Aufbau von Eis und der darauffolgenden Schmelze
eine enorme Asymmetrie besteht; dieser Vorgang läßt sich keineswegs mit dem Austausch von Energie vergleichen, der beim

Gefrieren und Schmelzen einer Schale Eiswürfel stattfindet. Während der Aufbauphase („Modus 1") sind alle Spalten des Gletschers mit Neuschnee gefüllt, und die Kufen werden kaum geschmiert. In der Phase des Schmelzens („Modus 2") gleicht der Eisklotz einem Kartenhaus, das in Zeitlupe zusammenfällt.

Verschiedene Modi oder „Einstellmöglichkeiten" kennen wir von der Klimaanlage: heiß – mittel – kalt. Nicht nur bei Gletschern gibt es so etwas, sondern auch bei ozeanischen Strömungen und kontinentalen Klimata – und in einigen Fällen können Gletscherwanderungen in weiter Ferne den Übergang von der einen in die andere „Einstellung" auslösen. Manchmal schwanken Umweltfaktoren wie die durchschnittliche jährliche Temperatur und Niederschlagsmenge so rasch, daß sie sich stark auf den evolutionären Prozeß auswirken und flexiblen Tieren, wie Raben, einen echten Vorteil gegenüber ihren spezialisierten Konkurrenten verschaffen. Darum geht es im Grunde in diesem Kapitel: wie die Kurbel der Evolution gedreht wird, um unsere Art von Flexibilität hervorzubringen – ein großes Verhaltensrepertoire und die Fähigkeit zu richtiger Einschätzung sind Eigenschaften, die durch eine Reihe klimatischer Instabilitäten nachdrücklich gefördert werden.

Paläoklimatologen haben entdeckt, daß in vielen Teilen der Erde recht abrupte Klimaveränderungen vorkamen und immer noch vorkommen. Ein Beispiel sind jahrzehntelange Dürreperioden, und wir wissen heute einiges über den 30-Jahre-Zyklus, mit dem sich die Sahara ausdehnt und wieder zurückzieht. Der El-Niño-Zyklus – mit einer Dauer von etwa sechs Jahren – hat anscheinend wesentlichen Einfluß auf die Niederschlagsmenge in Nordamerika.

Es gab auch immer wieder Zeiten, in denen innerhalb einiger Jahrzehnte die Wälder verschwanden, weil Temperaturen und Niederschlagsmengen drastisch sanken. Bei einer anderen plötzlichen Klimaveränderung kehrten die warmen Niederschläge ein paar Jahrhunderte später plötzlich zurück – obgleich es das letzte Mal, als Europa in sibirischer Kälte versank, mehr als tausend Jahre dauerte, bis das Pendel wieder zurückschwang.

In den achtziger Jahren, als sich die Hinweise auf diese raschen Klimaschwankungen bestätigten, nahm man an, sie seien eine Besonderheit der Eiszeiten. (Das Inlandeis ist in den letzten 2,5 Millionen Jahren immer wieder gekommen und gegangen, wobei die größeren Warmzeiten etwa alle 100 000 Jahre stattfinden.) Im Verlauf der letzten 10 000 Jahre gab es keine Periode abrupter Abkühlung.

Aber wie sich herausgestellt hat, ist nur unsere gegenwärtige Zwischeneiszeit (bisher) frei von derartigen Kälteeinbrüchen geblieben. Die warmen Zeiten nach der letzten Eisschmelze vor 130 000 Jahren waren im Vergleich zu der gegenwärtigen Interglazialzeit turbulent; die damalige 10 000jährige Wärmeperiode wurde von zwei plötzlichen Kälteeinbrüchen unterbrochen – der eine dauerte 70 Jahre, der andere 750 Jahre. In dieser Zeit wurden die deutschen Kiefernwälder von Sträuchern und krautiger Vegetation verdrängt, wie sie heute für Zentralsibirien typisch sind.

Ein Klima-Pingpong, das fruchttragende Bäume vernichtete, wäre für die Populationen vieler niederer Affenarten eine Katastrophe gewesen. Obgleich ein solches Desaster die stärker allesfresserisch orientierten Arten ebenfalls treffen würde, könnten sie sich auch mit anderem Futter behelfen, und ihre Nachkommen würden als Folge der Krise möglicherweise sogar eine Bevölkerungsexplosion erleben, weil nur wenige Konkurrenten anderer Arten überlebt haben.

In solchen Zeiten des Aufschwungs gibt es zeitweilig genug Ressourcen, um den meisten Jungtieren ein Überleben bis ins

Fortpflanzungsalter zu ermöglichen. Das gilt sogar für die seltsamen („aus der Art geschlagenen") Varianten, die das genetische Lotteriespiel bei der Produktion und Verschmelzung von Ei- und Samenzelle hin und wieder hervorbringt. In gewöhnlichen Zeiten gehen solche Merkwürdigkeiten bald zugrunde, aber in einer Boomphase haben sie wenig Konkurrenz zu fürchten; es ist, als seien die üblichen Wettbewerbsregeln zeitweise außer Kraft gesetzt. Wenn die nächste Krise kommt, sind einige der ungewöhnlichen Exemplare vielleicht besser dazu gerüstet, mit den übriggebliebenen Ressourcen auszukommen als ihre „normalen" Artgenossen. Traditionellerweise wird der darwinistische Prozeß durch die Formel vom „Überleben des Tüchtigsten" (*survival of the fittest*) charakterisiert, aber an diesem Beispiel sehen wir, daß es die „Abpraller" aus harten Zeiten sind, die die kreativen Aspekte der Evolution vorantreiben.

Obgleich das Klima in Afrika kühler und trockener wurde, als sich bei den Hominiden vor rund vier Millionen Jahren der aufrechte Gang etablierte, veränderte sich ihre Hirngröße nicht wesentlich. Bisher deutet nicht viel darauf hin, daß sich das Gehirn während der klimatischen Veränderungen in Afrika vor 3,0 bis 2,6 Millionen Jahren vergrößerte – ein Zeitraum, in dem viele neue afrikanische Säugerarten entstanden. Ich möchte an dieser Stelle nicht all die Faktoren diskutieren, die für die menschliche Evolution eine Rolle spielten, aber es ist wichtig festzustellen, daß sich die Größe des Hominidengehirns vor 2,5 bis 2,0 Millionen Jahren zu vergrößern begann und es zu einer erstaunlichen Expansion der Großhirnrinde kommt, bis diese schließlich das Vierfache der Fläche bei Menschenaffen beträgt. Das war das Eiszeitalter, und wenn Afrika auch nicht besonders stark vergletschert war, so erlebte der Kontinent wahrscheinlich doch starke Klimafluktuationen, als sich der Verlauf der Meeresströmungen änderte. Eiszeiten sind nicht auf die nördliche

Hemisphäre beschränkt; die Gletscher in den Anden verändern sich gleichermaßen.

Zu längerandauernden Perioden mit Treibeis auf dem Atlantik kam es erstmals vor 2,51 bis 2,37 Millionen Jahren, wobei das Packeis im Winter nach Süden bis zu den Britischen Inseln reichte. Seitdem gibt es über der Antarktis, Grönland, Nordeuropa und Nordamerika eine Inlandeisdecke, die gelegentlich abschmilzt. Wie bereits erwähnt, befinden wir uns momentan in einer Zwischeneiszeit, die vor etwa 10 000 Jahren begann. Unser Planet erlebt ein periodisches Vordringen und Zurückweichen der Eisgrenze, das mit Änderungen in der Neigung der Erdachse und der Umlaufbahn der Erde um die Sonne zusammenhängt.

Der Zeitpunkt der größten Annäherung der Erde an die Sonne variiert; der Perihel fällt gegenwärtig in die erste Januarwoche. Der Perihel driftet durch den Kalender und kehrt in 19 000 bis 26 000 Jahren wieder auf den Januar zurück, je nachdem, wo die anderen Planeten stehen. Die Konstellation der anderen Planeten zueinander und zur Erde wiederholt sich etwa alle 400 000 Jahre (wenn sie sich auch etwa alle 100 000 Jahre *beinahe* wiederholt). Die gravitationsbedingte Anziehung, die die anderen Planeten ausüben, führt dazu, daß die Umlaufbahn der Erde zwischen beinahe kreisrund und elliptisch variiert. (Wir sind gegenwärtig im Juli etwa drei Prozent weiter von der Sonne entfernt und erhalten daher sieben Prozent weniger Sonnenenergie.) Dazu kommt, daß die Ekliptik, die Neigung der Erdachse, zwischen 22,0° und 24,6° variiert, ein Zyklus mit einer Laufzeit von 41 000 Jahren. Die letzte Maximalneigung fand vor 9 500 Jahren statt; momentan beträgt die Neigung 23,4° und nimmt stetig ab. Diese drei Rhythmen überlagern sich und führen alle 100 000 Jahre zu einer starken Eisschmelze, typischerweise dann, wenn die Neigung maximal ist und der sonnennächste

Punkt im Juni erreicht wird; das führt zu besonders warmen Sommern in nördlichen Breiten, wo die Eisdecke am dicksten ist.

Überlagert werden diese langsamen glazialen Zyklen von den oben erwähnten Phasen plötzlicher Abkühlung und Erwärmung. Die erste Episode, die entdeckt wurde, fand vor 13 000 Jahren statt, zu einer Zeit, als alle Bahnfaktoren darauf hinwirkten, in der nördlichen Hemisphäre heiße Sommer zu produzieren – tatsächlich war die Hälfte der Eisdecke bereits geschmolzen. Die Jüngere Dryaszeit (benannt nach der Silberwurz, *Dryas octopetala*, einer Pflanze der arktischen Zone, deren Pollen tief unter alten Seen in Dänemark gefunden wurden) begann recht abrupt. Eiskerne aus dem isländischen Inlandeis zeigen, daß die Klimaänderung so

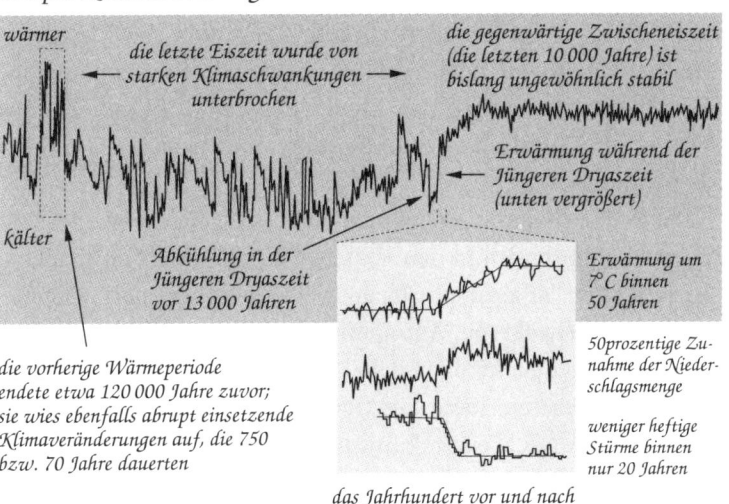

abrupte Klimaveränderungen während der letzten Eiszeit

wärmer

die letzte Eiszeit wurde von starken Klimaschwankungen unterbrochen

die gegenwärtige Zwischeneiszeit (die letzten 10 000 Jahre) ist bislang ungewöhnlich stabil

Erwärmung während der Jüngeren Dryaszeit (unten vergrößert)

kälter

Abkühlung in der Jüngeren Dryaszeit vor 13 000 Jahren

die vorherige Wärmeperiode endete etwa 120 000 Jahre zuvor; sie wies ebenfalls abrupt einsetzende Klimaveränderungen auf, die 750 bzw. 70 Jahre dauerten

Erwärmung um 7° C binnen 50 Jahren

50prozentige Zunahme der Niederschlagsmenge

weniger heftige Stürme binnen nur 20 Jahren

das Jahrhundert vor und nach der plötzlichen Wiedererwärmung

plötzlich hereinbrach wie eine Dürre. Die jährliche Niederschlagsmenge sank, die Winterstürme nahmen an Heftigkeit
zu, und die durchschnittliche Temperatur in Europa fiel um
7° Celsius – alles innerhalb weniger Jahrzehnte. Diese Käte-
welle dauerte mehr als tausend Jahre, bis der warme Regen –
genauso plötzlich – wiederkehrte. (In Hinblick auf die globale Erwärmung durch Treibhausgase sollte man daran denken,
daß die letzte plötzliche Abkühlung während einer Periode
allmählicher globaler Erwärmung stattfand.)

Die Grönland-Eiskerne reichen nur ein Zehntel der 2,5
Millionen Jahre pleistozäner Eiszeiten zurück; weil die dritt-
letzte Eisschmelze das ganze Grundgestein freilegte, ist nur
Eis aus den letzten 250 000 Jahren in Grönland zurückgeblieben. Aber in den Bohrkernen sind Daten über die beiden
letzten starken Eisschmelzen gespeichert – über die vorletz-
te, die vor 130 000 Jahren begann, und über die letzte, die
vor 8 000 Jahren zu Ende ging. Man kann in den Eiskernen
wie bei Bäumen „Jahresringe" erkennen und in den jüngeren
Jahrtausenden auch zählen; zudem kann man die Menge an
Sauerstoffisotopen bestimmen und daraus ableiten, welche
Oberflächentemperatur das Meer zu der Zeit besaß, als das
Wasser im Mittelatlantik verdampfte, bevor es in Grönland
als Schnee fiel.

Die Paläoklimatologen können heute Dutzende von abrupten
Klimaveränderungen in den letzten 130 000 Jahren ausmachen,
die sich dem langsamen glazialen Zyklus überlagert haben –
und die sogar während Warmperioden stattfanden. Große Gletscherwanderungen könnten dabei eine Rolle spielen – wie ich in
The Ascent of Mind (deutsch: Der Schritt aus der Kälte) disku-
tiere –, denn eine Menge Süßwasser, das an der Meeresoberflä-
che treibt, bevor es sich mit dem Salzwasser mischt, kann sehr
wohl den Lauf der Meeresströmungen beeinflussen, die große

Wärmemengen in den Nordatlantik tragen und damit verhindern, daß Europa abkühlt. Aus diesem Grund sorge ich mich, daß es zu einer Gletscherwanderung kommen könnte, die einen riesigen Süßwasserstausee in den grönländischen Fjorden erzeugt: Wenn ein solcher Eisdamm schließlich bricht, könnte das gesamte darin gespeicherte Süßwasser innerhalb eines Tages freigesetzt werden. Das letzte Mal, als ich das ausgedehnte Fjordsystem an der Ostküste Grönlands bei 70° nördlicher Breite überflog, sah ich zu meinem Schrecken Fjorde, die, obwohl zum Meer hin offen, das „Badewannenrand"-Aussehen abgesenkter Bassins hatten. Es gab eine eisfreie Fläche weit oberhalb der Hochwassermarke, die offenbar überall ringsum die gleiche Höhe hatte. Das deutet auf einen riesigen Süßwassersee hin, der sich irgendwann seit der letzten Eiszeit gebildet und die Eisdecke auf gleiches Niveau getrimmt hat.

Eine weitere Kältephase würde für die europäische Landwirtschaft und die halbe Milliarde Menschen, die von ihr abhängt, verheerend sein – die Auswirkungen der Jüngeren Dryaszeit ließen sich weltweit feststellen, sogar in Australien und Südkalifornien. Während eine weitere Kaltzeit die Zivilisation bedrohen würde, haben die Kaltzeiten der Vergangenheit wahrscheinlich eine wichtige Rolle bei der Evolution des Menschen aus menschenaffenähnlichen Vorfahren gespielt, einfach deshalb, weil die Klimaumschwünge so rasch aufeinanderfolgten.

Man kann nicht erwarten, daß ein runder Mann ohne weiteres in ein quadratisches Loch paßt. Er muß Zeit haben, seine Form zu ändern.

MARK TWAIN

Ob Flexibilität im Laufe seines Lebens für ein Tier wichtig ist oder nicht, hängt vom zeitlichen Rahmen ab: Sowohl für den modernen Reisenden als auch für den sich entwickelnden Menschenaffen geht es darum, wie schnell sich das Wetter ändert und wie lange die Reise dauert. Wenn die ugandischen Schimpansen an einem Gehölz mit fruchttragenden Bäumen ankommen, müssen sie oft feststellen, daß die dort lebenden niederen Affen bereits dabei sind, die eßbaren Früchten rasch und effektiv zu ernten. Die Schimpansen können dann zum Termitenangeln übergehen oder einen der kleinen Affen fangen und fressen, aber in der Praxis wird ihre Populationsgröße – ungeachtet der Tatsache, daß das Schimpansengehirn doppelt so groß ist wie das ihrer spezialisierten Rivalen – durch diese Konkurrenz stark eingeschränkt.

Flexibilität ist nicht immer eine Tugend, und mehr davon ist nicht immer besser. Wie Reisende, die häufig fliegen, wissen, können Passagiere, die nur Handgepäck bei sich haben, alle verfügbaren Taxis mit Beschlag belegen, während diejenigen, die drei Koffer mitschleppen, erst einmal am Gepäckband warten müssen. Ist das Wetter andererseits derart wechselhaft und extrem, daß jedermann mit einem Kleidervorrat reisen muß, der alles von der Badehose bis zum gefütterten Parka umfaßt, dann ist der Generalist dem Spezialisten überlegen. Und so ist es auch mit der verhaltensbiologischen Flexibilität, die einer Art erlaubt, ohne Zögern von runden zu quadratischen Löchern überzuwechseln.

Möglicherweise erfordert Flexibilität ein größeres Gehirn. Aber es bedarf einiger sehr guter Gründe, um die Nachteile eines großen Gehirns auszugleichen. Der Linguist Steven Pinker drückt es so aus:

»Warum hätte es der Evolution bei der Auslese jemals um die schiere Größe des Gehirns gehen sollen – dieses knollenartigen Organs mit dem unersättlichen

Stoffwechsel? Ein Wesen mit einem großen Gehirn ist zu einem Leben voller Nachteile verdammt – es muß sich damit herumschlagen, eine Wassermelone auf einem Besenstiel zu balancieren, … und – falls es sich um eine Frau handelt – alle paar Jahre ein sperriges Etwas durch die Geburtswege zu pressen. Jede Auslese hinsichtlich der Gehirngröße an sich hätte zweifellos den Stecknadelkopf bevorzugt. Vielmehr muß uns eine Auslese zugunsten verbesserter kognitiver Fähigkeiten als Nebenprodukt ein großes Gehirn beschert haben und nicht umgekehrt!«

Wie schnell sich die Dinge ändern ist wichtig für jedes Intelligenzmodell, das von schrittweisem Wachstum ausgeht, gleichgültig, ob es nun ein größeres Gehirn oder nur eine Umorganisation annimmt. In jedem Klima kann sich im Laufe der Zeit ein Spezialist entwickeln, der dem überlasteten Generalisten überlegen ist; anatomische Anpassungen benötigen jedoch viel mehr Zeit, als die häufigen klimatischen Veränderungen der Eiszeiten einräumen, was es ihnen schwer macht, mit dem Klima Schritt zu halten. Solche abrupten Klimaumschwünge können sogar innerhalb der Lebensspanne eines Individuums auftreten, das dann entweder die Fähigkeiten besitzt, die Krise zu überleben, oder nicht.

   Diese Argumentation nach dem K.-o.-Prinzip läßt sich auf viele Allesfresser anwenden, nicht nur auf unsere Vorfahren. Aber es gibt weit und breit keine anderen Beispiele für eine vierfache Gehirnvergrößerung in den letzten paar Millionen Jahren, daher genügen Klimaschwankungen allein nicht, um das Hirn anschwellen zu lassen. Da muß noch etwas anderes gewesen sein, und die Zeiten rascher Klimaänderungen verstärkten vermutlich dessen Effekt und hinderten die spezialisierte Konkurrenz daran, die sich entwickelnden Generalisten zu überrennen.

Jeder hat eine Lieblingstheorie, was dieses „Nochetwas" war. (Nick Humphrey würde auf soziale Intelligenz als Motor tippen.) Mein Kandidat ist gezieltes Werfen bei der Jagd – praktisch, um durch den Winter zu kommen, indem man Tiere ißt, die Gras fressen. Aber die meisten Leute würden wohl Sprache wählen. Besonders Syntax.

Am [Sprachverständnis] sind viele Komponenten der Intelligenz beteiligt: Wörter erkennen, ihre Bedeutung dekodieren, Wortfolgen in grammatikalische Bestandteile einteilen, auf Verbindungen zwischen Aussagen schließen, frühere Konzepte im Kurzzeitgedächtnis behalten, während man einen späteren Diskurs verarbeitet, auf die Absichten des Schreibers oder Redners schließen, das Wesentliche einer Passage in groben Zügen erfassen und beim Beantworten von Fragen über die Passage Gedächtnisinhalte abrufen ... [Der Leser] konstruiert eine mentale Repräsentation der Situationen und Handlungen, die beschrieben werden ... Leser neigen dazu, sich eher an das mentale Modell zu erinnern, das sie aus einem Text konstruiert haben, als an den Text selbst.

GORDON H. BOWER und DANIEL G. MORROW, 1990

Tatsächlich stelle ich häufig fest, daß selbst ein gut geschriebener und fesselnder Roman schon kurze Zeit, nachdem ich ihn zu Ende gelesen habe, in meiner Erinnerung verblaßt ist. Ich kann mich noch ganz genau der Gefühle entsinnen, die ich beim Lesen hatte, und der Stimmung, in der ich mich befand, dagegen bin ich mir der Einzelheiten der Geschichte nicht mehr so sicher. Es ist fast so, als ob das Buch für mich – um es mit dem Vergleich auszudrücken, den Wittgenstein am Ende

des Tractatus logico-philosophicus *für seine Sätze gewählt hat
– eine Leiter wäre, die man wegwerfen muß, nachdem man auf
ihr hinaufgestiegen ist.*

Sᴠᴇɴ Bɪʀᴋᴇʀᴛs, *1994*

5 Intelligenz macht einen Satz

Es ist schwierig, sich vorzustellen, wie ein Geschöpf ohne Sprache denken würde, aber man darf vermuten, daß eine Welt ohne irgendeine Form von Sprache in gewisser Weise einer Welt ohne Geld ähnelt – einer Welt, in der echte Waren statt Metall- oder Papiersymbole im Warenwert ausgetauscht werden müßten. Wie langsam und beschwerlich würden die einfachsten Verkäufe sein, und wie unmöglich die komplexeren!

DEREK BICKERTON,
Language and Species, *1990*

Menschen weisen im Vergleich zu unseren nächsten Verwandten unter den rezenten Menschenaffen – selbst denjenigen Arten, die viel von unserer sozialen Intelligenz und unserer Fähigkeit zur Täuschung teilen – einige spektakuläre Eigenschaften auf. Wir verfügen über eine syntaktische Sprache, die Metaphern und analoges Denken transportieren kann. Wir planen voraus, stellen uns Szenarios für die Zukunft vor und entscheiden uns dann, wobei wir selbst entfernte Möglichkeiten berücksichtigen. Wir kennen sogar Musik und Tanz. Welche Schritte waren es, die ein schimpansenartiges in ein beinahe menschliches Wesen verwandelten? Das ist eine Frage, die für unser Menschsein wirklich von zentraler Bedeutung ist.

Zweifellos ist die Fähigkeit, Sätze zu bilden das, was menschliche Intelligenz ausmacht – ohne Syntax wären wir kaum gescheiter als Schimpansen. Die Beschreibung, die der Neurologe Oliver Sacks von einem elfjährigen gehörlosen Jungen gibt, der während der ersten zehn Jahre seines Lebens ohne Gebärdensprache aufwuchs, läßt ahnen, was ein Leben ohne Syntax bedeutet:

> »Joseph sah, unterschied, kategorisierte, benutzte; er hatte keine Schwierigkeiten mit *perzeptueller* Kategorisierung und Generalisierung, konnte aber, wie es schien, nicht sehr weit darüber hinausgehen und reflektieren, spielen, planen oder abstrakte Gedanken behalten. Er machte den Eindruck, als nehme er alles wörtlich, als sei er nicht in der Lage, mit Bildern, mit Hypothesen, mit Möglichkeiten zu spielen oder das Reich der Phantasie oder der Metaphern zu betreten ... Wie ein Tier oder ein Kleinkind schien er in der Gegenwart verhaftet und auf die konkrete und unmittelbare Erfahrung beschränkt, nur wurde ihm dies durch ein Bewußtsein, das ein Kleinkind nicht haben kann, ständig vor Augen geführt.«

Ähnliche Fälle illustrieren auch, daß sich jede intrinsische Befähigung für Sprache durch Übung in früher Kindheit entwickeln muß. Joseph hatte keine Gelegenheit, in den kritischen frühkindlichen Jahren funktionierende Syntax zu erleben: Weder konnte er gesprochene Sprache hören, noch kam er jemals mit der Syntax der Gebärdensprache in Kontakt.

Es gibt ein biologisches Programm, so wird vermutet, das gelegentlich als Universalgrammatik bezeichnet wird. Dabei handelt es sich nicht um die mentale Grammatik selbst (jeder Dialekt hat eine andere), sondern um die Veranlagung, grammatische Regeln in der eigenen Umgebung zu erkennen – und zwar ganz bestimmte grammatische Regeln aus einem viel größeren

Komplex möglicher Regeln. Um zu verstehen, warum Menschen so intelligent sind, müssen wir herausfinden, wie unsere Vorfahren das symbolische Repertoire des Menschenaffen umformten und vergrößerten, indem sie die Syntax erfanden.

Steine und Knochen sind fast alles, was von unseren Vorfahren in den letzten vier Millionen Jahren überdauert hat; das gilt leider nicht für Spuren ihrer höheren intellektuellen Fähigkeiten. Andere hominide Arten sind irgendwo unterwegs abgezweigt, aber da sie ausgestorben sind, können wir sie nicht mehr untersuchen. Wir müssen schon sechs Millionen Jahre zurückgehen, bevor wir auf rezente Arten treffen, mit denen wir einen gemeinsamen Vorfahren teilen. Der nichthominide Zweig seinerseits spaltete sich vor etwa drei Millionen Jahren in die Schimpansen und die viel selteneren Bonobos (die „Zwergschimpansen“) auf. Wenn wir einen Blick auf evolutionsbiologisch alte Verhaltensweisen werfen wollen, gibt es nichts Besseres als die Bonobos. Sie teilen mehr Verhaltensähnlichkeiten mit dem Menschen und sind auch viel bessere Versuchsobjekte für Sprachuntersuchungen als Schimpansen, die in den sechziger und siebziger Jahren die Stars der Sprachforschung waren.

Linguisten haben die schlechte Angewohnheit zu behaupten, daß alles, was keine Syntax besitzt, keine Sprache ist. Das ist so, als behaupte man, Gregorianische Choräle seien keine Musik, weil ihnen die Bachsche Kontrapunkttechnik des Stretto, die parallele Stimmführung und die spiegelbildliche Umkehrung von Themen fehlt. Da sich Linguisten auf „Bach und darüber hinaus“ beschränken, ist es vorwiegend Anthropologen, Ethologen und vergleichend arbeitenden Psychologen zugefallen, sich mit dem Problem herumzuschlagen, was denn vor der Syntax kam. Die traditionelle Verachtung der Linguisten für derartige Forschung (»Das ist keine richtige *Sprache*, wissen

Sie«) kann man nur als merkwürdigen Kategorienirrtum bezeichnen, da es doch Ziel der Forschung ist, die Vorläufer
der machtvollen Strukturierung zu verstehen, die die Syntax
liefert.

Gelegentlich findet man ein paar Hinweise in der wohlbe-
kannten „Ontogenese-ist-die-Rekapitulation-der-Phylogenese"-
Schublade, doch die menschliche Sprache wird in früher Kindheit so rasch erlernt, daß ich einen stromlinienförmigen Anpas-
sungsprozeß vermute, der das ursprüngliche Szenario völlig
überdeckt, so wie Autobahnen gemeinhin Postkutschenwege
ausradieren. Diese Schnellstraße beginnt bei Kindern mit der
Entwicklung der Phonemgrenzen: Prototypen werden zu „Ma-
gneten", die verschiedene Varianten einfangen. Im zweiten Lebensjahr entwickeln Kinder eine ausgeprägte Lernbegierde hinsichtlich neuer Worte, im dritten Lebensjahr fangen sie an, auf
Wortmuster zu schließen (sie beginnen plötzlich, konsequent
die Vergangenheit -te und Pluralendungen -e bzw. -n zu benutzen, eine Verallgemeinerung, die ohne viel Versuch und Irrtum
auftritt), und im fünften Lebensjahr zeigen sie starkes Interesse
an Erzählungen und Phantasiegeschichten. Es ist ein Glücksfall
für uns, daß Schimpansen und Bonobos eine solche Schnellstraße fehlt, denn es gibt uns die Chance, in ihrer Entwicklung die
Zwischenstadien zu finden, die die Vorläufer unserer machtvollen Syntax sind.

Vervet- oder Grüne Meerkatzen benutzen im Freiland vier
verschiedene Alarmrufe, einen für jeden ihrer typischen Raub-
feinde. Sie verfügen auch über andere Lautäußerungen, beispielsweise, um die Gruppe zusammenzurufen oder vor der Annäherung einer fremden Affengruppe zu warnen. Wilde Schimpansen verwenden etwa drei Dutzend verschiedene Lautäußerungen, die alle, wie bei den Vervet-Meerkatzen, ihre Bedeutung in sich selbst tragen. Ein lautes *waa* ist herausfordernd,

ärgerlich gemeint. Ein leises *keuchendes Bellen* ist überraschenderweise eine Drohung. In *wraa* mischt sich Angst mit Neugier („Seltsame Sache, das da!") und ein leises *huu* signalisiert Verwunderung ohne Feindseligkeit („Was *ist* das bloß?").

Wenn *waa-wraa-huu* etwas anderes als *huu-wraa-waa* bedeuten sollte, müßte der Schimpanse sein Urteil zurückhalten und die Standardbedeutungen eines jeden Rufes solange ignorieren, bis er die gesamte Sequenz empfangen und analysiert hat. Das geschieht jedoch nicht. Es werden keine Kombinationen eingesetzt, um spezielle Bedeutungen zu übermitteln.

Auch Menschen verfügen über rund drei Dutzend Vokalisationseinheiten, die man Phoneme nennt – aber sie haben alle keine Bedeutung! Selbst die meisten Silben, wie „ba" und „ga" sind bedeutungslos, bis sie mit anderen Phonemen zu bedeutungsvollen Wörter wie „Ball" oder „Galaxis" kombiniert werden. Irgendwann auf ihrem Weg zum Hominiden befreiten unsere Vorfahren die meisten Sprachlaute von ihrer Bedeutung. Nur Kombinationen von Lauten haben heute einen Sinn: Wir verbinden bedeutungslose Laute zu bedeutungsvollen Wörtern. Das findet man sonst nirgends im Tierreich.

Anschließend lassen sich diese Verbindungen weiter verbinden – so wie die Wörter, die diesen Satz ausmachen –, als ob sich das Prinzip auf einer höheren Organisationsebene wiederholt. Niedere Affen und Menschenaffen wiederholen vielleicht eine Lautäußerung, um deren Bedeutung zu verstärken (wie es auch in vielen menschlichen Sprachen üblich ist, zum Beispiel im Polynesischen), aber wilde Tiere verbinden (bisher) keine Laute, um damit völlig neue Bedeutungen zu schaffen.

Niemand hat bisher erklären können, wie es unseren Vorfahren gelang, die Hürde „ein Wort/eine Bedeutung" zu überwinden und dieses System durch ein sequenzielles, kombinatorisches System aus bedeutungslosen Phonemen zu ersetzen, doch

es war wahrscheinlich einer der wichtigsten Entwicklungs-
schritte auf dem Weg vom Menschenaffen zum Menschen.

Die Honigbiene scheint, zumindest im Kontext eines einfachen Koordinatensystems, aus der Zwangsjacke des „Ein-Zei-
chen-eine-Bedeutung"-Systems ausgebrochen zu sein. Wenn sie
zu ihrem Stock zurückkehrt, vollführt sie einen Schwänzeltanz
in Form einer Acht, der ihren Stockgenossinnen Information
über die Lage der Futterquelle übermittelt, die sie gerade besucht hat. Die Tanzbiene überträgt den Winkel zur Sonne, den
sie beim Flug zum Futterplatz einzuhalten hatte, im Stock auf
die Abweichung von der Schwerkraft. Dann gibt der Winkel
zwischen der Achse der Achterfigur und der Schwerkraft ihren
Artgenossinnen die Richtung an, in der sie suchen müssen. Die
Dauer des Tanzes ist der Entfernung der Nahrungsquelle vom
Bienenstock proportional: Drei Achterschleifen würden beispielsweise für die durchschnittliche italienische Honigbiene 60
Meter, für eine deutsche aber 150 Meter bedeuten – mehr eine
Frage der Gene als der Gesellschaft, in der die Biene aufwuchs.
Dennoch sind die Linguisten von dieser Leistung nicht beson-
ders beeindruckt – in *Language and Species* („Sprache und
Art") schreibt Derek Bickerton:

»Alle anderen Geschöpfe können nur über Dinge kommunizieren, die für sie von evolutionärer Bedeutung sind,
doch Menschen können über *alles* kommunizieren …
Tierrufe und -gebärden sind ihrer Struktur nach holistisch
[und] lassen sich nicht in Teilkomponenten zerlegen, wie
es bei der Sprache der Fall ist … Obgleich die Laute der
[menschlichen] Sprache, für sich allein gesehen, bedeutungslos sind, lassen sie sich auf verschiedene Weise
kombinieren, um Tausende von Worten zu schaffen, jedes
mit einer anderen Bedeutung … In genau derselben Wei-

se läßt sich aus einem endlichen Wortschatz eine unendli-
che Anzahl von Sätzen produzieren. Nichts, was dem
auch nur entfernt ähnelt, findet sich bei tierischer Kommunikation.«

Mit viel Training können verschiedene Tiere eine breite Palette
von Worten, Symbolen oder menschlichen Gesten lernen – doch
man muß sorgfältig zwischen Sprachverständnis und der Fähigkeit unterscheiden, komplexe Kommunikationmethoden zu entwickeln. Beides gehört nicht zwangsläufig zusammen.

Wie bereits erwähnt, versteht der Hund eines Psychologen
etwa 90 Begriffselemente; die 60 Elemente, die er produziert,
überlappen sich dabei in ihrer Bedeutung nicht besonders stark
mit den rezeptiven Elementen. Ein Seelöwe hat 190 menschliche Gesten verstehen gelernt – aber er gestikuliert keineswegs
mit auch nur annähernd vergleichbarer Produktivität zurück.
Bonobos können noch mehr Wortsymbole lernen und sie mit
Gesten kombinieren, um Wünsche auszudrücken. Ein Grau-
papagei eignete sich im Verlauf eines Jahrzehnts ein Vokabular
von 70 Wörtern an, darunter 30 Objektbezeichnungen, sieben
Farben, fünf Adjektive für Formen und eine Reihe anderer
„Worte“ – und benutzt einige dazu, um Wünsche auszudrük-
ken.

Keines dieser talentierten Tiere erzählt Geschichten darüber,
wer was mit wem angestellt hat; sie diskutieren nicht einmal
über das Wetter. Aber es ist offensichtlich, daß unsere engsten
Verwandten, die Schimpansen und Bonobos, mit Hilfe fähiger
Lehrer, denen es gelingt, sie zu motivieren, ein beachtlich hohes
Niveau an Sprach*verständnis* erreichen können. Der am weite-
sten fortgeschrittene Bonobo, der von Sue Savage-Rumbaugh
und ihren Mitarbeitern unterrichtet wird, kann inzwischen Sätze
interpretieren, die er nie zuvor gehört hat, wie „Kanzi, geh' ins

Büro und hol' den roten Ball!'". Sein Sprachverständnis entspricht dabei etwa dem eines zweieinhalbjährigen Kindes. Weder ein Bonobo noch ein Kind bilden solche Sätze, aber beide können durch ihre Handlungen zeigen, daß sie sie verstanden haben. Und wenn sich bei Kindern Sprache entwickelt, geht das Verständnis der Produktion stets voraus.

Ich frage mich oft, ob die begrenzten Erfolge bei den Sprachforschungen mit Menschenaffen häufig nicht nur auf ungenügende Motivation zurückzuführen sind; vielleicht müssen sich die Lehrer noch mehr bemühen, die normale, sich selbst motivierende Lernbegierde kleiner Kinder zu ersetzen. Oder es ist daran gescheitert, daß man beim Training nicht mit sehr jungen Tieren begann. Wenn man einen Bonobo in seinen ersten beiden Lebensjahren motivieren könnte, neue Worte mit einer Geschwindigkeit ähnlich der eines einjährigen Kindes aufzunehmen, würde er dann vielleicht von sich aus weitergehen und Wortmuster entdecken, wie es Kinder in der Präsyntax-Phase tun? Aber würde dieser Prozeß langsam genug ablaufen, um die verschiedenen Stadien zu studieren, die einer echten Syntax vorausgehen, Stadien, die von den gut ausgebauten Schnellstraßen verdeckt werden, die das menschliche Genom heute liefert?

Diese Beispiele für tierische Kommunikationsfähigkeit sind sehr beeindruckend, aber ist es Sprache? Der Begriff *Sprache* wird von den meisten Menschen recht weit gefaßt. Vor allem ist damit ein bestimmter Dialekt wie Englisch, Friesisch und Niederländisch (oder auch das Deutsch vor 1000 Jahren, von dem sich alle drei ableiten – und, noch weiter zurück, Proto-Indoeuropäisch) gemeint. Aber *Sprache* bezeichnet auch die übergreifende Kategorie besonders ausgefeilter Kommunikationssysteme. Bienenforscher reden von *Sprache*, um zu beschreiben, was sie bei ihren Forschungsobjekten beobachten, und die Schimpansenforscher tun dasselbe. An welchem Punkt wird aus dem symbolischen Repertoire von Tieren eine menschenähnliche Sprache?

Die Antwort liegt nicht auf der Hand. *Webster's Collegiate Dictionary* bietet »ein systematisches Mittel, um Vorstellungen oder Gefühle mit Hilfe von vereinbarten Signalen, Lauten, Gesten oder Zeichen zu übermitteln, die eine bekannte Bedeutung haben« als eine mögliche Definition für Sprache an. Das würde die zuvor genannten Beispiele umfassen. Nach Ansicht von Sue Savage-Rumbaugh ist das Entscheidende an der Sprache »die Fähigkeit, einem anderen Individuum etwas mitzuteilen, was es noch nicht weiß« was natürlich bedeutet, daß das empfangende Individuum über eine gewisse Intelligenz im Piagetschen Sinne des richtigen Einschätzens verfügen muß, um aus den Signalen eine Bedeutung herauszulesen.«

Aber ist das menschenähnliche Sprache? Linguisten werden sofort einwenden „Nein, da gibt es Regeln!" Sie werden über die Regeln zu reden beginnen, die eine mentale Grammatik beinhaltet, und fragen, ob man diese Regeln in irgendeinem der genannten Beispiele findet oder nicht. Daß sich einige Tiere, wie Kanzi, die Wortstellung zunutze machen können, um Aufforderungen richig zu interpretieren, beeindruckt sie nicht. Der Linguist Ray Jackendoff ist diplomatischer als die meisten seiner Kollegen, vertritt aber prinzipiell dieselbe Linie:

»Viele Leute diskutieren darüber, ob Menschenaffen eine Sprache besitzen oder nicht, und zitieren Argumente und Gegenargumente, um ihre jeweilige Position zu untermauern. Ich halte dies für einen dummen Streit, der oft von dem Wunsch getragen ist, den Abstand zwischen Mensch und Tier zu verringern oder um jeden Preis zu erhalten. Lassen Sie uns versuchen, weniger doktrinär zu sein, und fragen wir uns: Können Menschenaffen erfolgreich *kommunizieren* (sich mitteilen)? Zweifellos ja. Es sieht sogar so aus, als gelänge es ihnen, *symbolisch* zu kommunizieren, was recht eindrucksvoll ist. Aber über diesen Punkt hinaus sieht es nicht so aus, als seien sie in der Lage, eine mentale Grammatik zu entwickeln, die die Symbole kohärent ordnet. (Wieder eine quantitative Frage – vielleicht gibt es Ansätze, aber nichts, was der menschlichen Kapazität nahekäme.) Kurz gesagt, eine Universalgrammatik oder etwas, was dem auch nur entfernt ähnelte, findet sich offenbar allein beim Menschen.«

Was, wenn überhaupt, hat dieser Streit um „echte Sprache" mit Intelligenz zu tun? Nach dem, was die Linguisten über mentale Strukturen und die Affensprachforscher über Bonobos herausgefunden haben, die Regeln erfinden, – eine ganze Menge. Lassen Sie uns mit etwas Einfachem beginnen.

Einige Äußerungen sind so einfach, daß man keine komplexen Regeln braucht, um die Elemente der Botschaft richtig anzuordnen – die meisten Forderungen, wie „Banane" und „geben" in der einen oder anderen Reihenfolge, übermitteln die gewünschte Botschaft. Einfaches Assoziieren genügt. Aber stellen Sie sich vor, es gebe in einem Satz mit einem einzigen Verb zwei Substantive: Was assoziieren wir bei „Hund Junge beißen", ganz unabhängig von der Wortstellung? Dazu benötigt man nicht viel mentale Grammatik, denn Jungen beißen gewöhnlich keine Hunde. Aber „Junge Mädchen berühren" ist doppeldeutig ohne eine Regel, die uns hilft zu entscheiden, welches Substantiv die handelnde Person und welches das Objekt der Handlung bezeichnet.

Was gemeint ist, läßt sich anhand einer simplen Übereinkunft entscheiden, beispielsweise der Subjekt-Verb-Objekt-Stellung

(SVO) der meisten Aussagesätze im Englischen („Der Hund biß den Jungen") oder der Subjekt-Objekt-Verb-Stellung (SOV) im Japanischen. Bei kurzen Sätzen läuft es darauf hinaus, daß das erste Substantiv den Handelnden beschreibt – eine Regel, die Kanzi wahrscheinlich aus der Art und Weise abgeleitet hat, in der Savage-Rumbaugh gewöhnlich Aufforderungen formuliert, zum Beispiel „Touch the ball to the banana". (In der deutschen Übersetzung „Berühr' die Banane mit dem Ball" kehrt sich die Position der Substantive um.)

Man kann die Worte in einem Satz auch markieren, um ihre Rolle als Subjekt oder Objekt zu kennzeichnen, entweder durch konventionelle Beugung oder durch spezielle Formen, die man Kasusmarker nennt – so, wenn man im Englischen „he" sagt, um zu vermitteln, daß die Person das Subjekt ist, aber „him", wenn sie das Objekt des Verbs oder der Präposition ist. Die englische Sprache besaß früher eine Menge Kasusmarker, so wie „ye" für das Subjekt und „you" für das Objekt, doch sie überleben heute meist nur noch in den Personalpronomen und in „who/whom". Spezielle Endungen können Ihnen ebenfalls etwas über die Rolle eines Wortes im Satz verraten, so wie *-ly* Ihnen sagt, daß sich „softly" auf das Verb und nicht auf das Substantiv bezieht. Bei stark gebeugten (flektierenden) Sprachen, wie dem Deutschen, werden solche Markierungen häufig gebraucht, und die Wortstellung rückt in den Hintergrund, wenn es darum geht, die Rolle zu identifizieren, die ein Wort beim Aufbau des mentalen Modells von Beziehungen spielen soll.

Um neue Sätze formulieren und verstehen zu können, müssen wir in unserem Kopf nicht nur die Worte unserer Sprache speichern, sondern auch die Muster der Sätze, die in unserer Sprache möglich sind. Diese Muster wiederum beschreiben nicht nur Muster von Worten, sondern auch Muster von

Mustern. Linguisten bezeichnen diese Muster als die Regeln der Sprache, die im Gedächtnis gespeichert sind; sie bezeichnen die vollständige Sammlung von Regeln als die mentale Grammatik der Sprache, oder kurz als Grammatik.

RAY JACKENDOFF,
Patterns in the Mind, *1994*

Einfachere Möglichkeiten, um Wortsammlungen, wie Pidgin-Sprachen (oder mein Touristendeutsch), anzulegen, bietet das Verfahren, das der Linguist Derek Bickerton als Protosprache bezeichnet. Protosprachen begnügen sich mit wenigen mentalen Regeln. Die Wortassoziation („Junge Hund beißen") trägt die Botschaft, wobei die übliche Wortstellung – beispielsweise Subjekt-Verb-Objekt – vielleicht eine gewisse Hilfestellung gibt. Linguisten würden die Menschenaffensprache, was ihr Niveau an Sprachverständnis und -erzeugung angeht, wahrscheinlich als Protosprache klassifizieren.

Kinder erlernen eine mentale Grammatik durch Zuhören (gehörlose Kinder durch Beobachten einer Gebärdensprache). Sie eignen sich dabei neue Worte und Assoziationen an, und ein komplexer Satz von Assoziationen bildet die mentale Grammatik einer bestimmten Sprache. Etwa ab dem 18. Monat beginnen Kinder, die Regeln der Sprache ihrer Umgebung zu entdecken und wenden sie schließlich nach und nach auf ihre eigenen Sätze an. Sie können die Sprachbestandteile zwar nicht benennen oder einen Satz in Einheiten zerlegen, aber ihre „Sprachmaschine" weiß nach einem Jahr Erfahrung offenbar bereits bestens über diese Dinge Bescheid.

Der biologische Drang, eine Ordnung zu entdecken und zu imitieren, ist so stark, daß gehörlose Spielkameraden teilweise ihre eigene Gebärdensprache (*home sign*) samt Flexionen erfinden, wenn sie keine geeignete Gebärdensprache vorfinden, die sie nachahmen können. Bickerton wies nach, daß die Kinder von Einwanderern aus der Pidgin-Protosprache, die sie ihre Eltern sprechen hören, eine neue Sprache – ein Kreolisch – entwickeln. Pidgin ist das, was Händler, Touristen und „Gastarbeiter" (und früher Sklaven) benutzen, um mit ihrem Gegenüber zu kommunizieren, wenn es keine gemeinsame Sprache gibt. Bei einem solchen Gespräch wird gewöhnlich viel gestikuliert, und wegen aller möglichen Umschreibungen braucht man viel Zeit, um wenig zu sagen.

In einer richtigen Sprache mit vielen Regeln (der mentalen Grammatik) kann man viel Bedeutung in einem kurzen Satz unterbringen. Die kreolischen Sprachen sind in der Tat richtige Sprachen: Die Kinder Pidgin sprechender Eltern nehmen das Vokabular, das sie hören, und schaffen dafür Regeln – eine mentale Grammatik. Dabei entsprechen diese Regeln nicht notwendigerweise denen, die sie kennen, weil sie gleichzeitig die Muttersprache ihrer Eltern lernen. Und so entwickeln Kinder, die rasch beschreiben wollen, wer was mit wem angestellt hat, eine neue Sprache.

Welche Aspekte von Sprache sind leicht zu erwerben, welche schwer? Große Kategorien sind wahrscheinlich am einfachsten zu erlernen; denken Sie nur an die Phase, die ein Kind durchläuft, in der jedes vierbeinige Tier ein „Hund" und jeder erwachsene Mann „Papa" ist. Vom Allgemeinen zum Speziellen überzugehen ist schon schwieriger. Doch einige Tiere können, wie wir gesehen haben, im Laufe der Zeit Hunderte von symbolischen Repräsentationen erlernen.

Wichtiger ist möglicherweise die Frage, ob sich neue Kategorien schaffen lassen, die den alten widersprechen. Der vergleichende Psychologe Duane Rumbaugh weist darauf hin, daß Halbaffen (Loris, Galagos und so weiter) und kleine Tieraffen oft nicht in der Lage sind, sich von einmal gelernten Regeln zu lösen; anders ist es bei Rhesusaffen und Menschenaffen, die beide neue Regeln lernen können, die die alten verletzen. Auch wir können eine alte Kategorie durch eine neue ersetzen, doch das ist manchmal gar nicht so einfach: Kategoreale Wahrnehmung (das bereits im Zusammenhang mit akustischen Halluzinationen erwähnte Schubladendenken) ist der Grund dafür, daß es einigen Japanern so schwer fällt, zwischen den englischen (oder deutschen) Lauten für *l* und *r* zu unterscheiden.

Im Japanischen gibt es ein intermediäres Phonem, das zwischen *l* und *r* liegt. Die englischen Phoneme werden irrtümlich als bloße Varianten des (einen) japanischen Phonems behandelt. Weil sie sich von dieser traditionellen Kategorie nicht freimachen können, haben japanisch sprechende Menschen, die den Unterschied zwischen *r* und *l* nicht hören, auch Schwierigkeiten, beide getrennt auszusprechen.

Ein Wort mit einer Gebärde zu verbinden, ist schon etwas raffinierter als das oben erwähnte „Ein-Wort-eine-Bedeutung"-System – und ein paar Worte zu einer Folge von einzigartiger Bedeutung zu verbinden, ist noch viel schwieriger. Eine Grundwortstellung hilft, Zweideutigkeiten zu klären, so zum Beispiel, wenn Sie anders nicht sagen können, welches Substantiv die handelnde Person und welches die Person bezeichnet, an der die Handlung vorgenommen wird. Der englische SVO-Aussagesatz ist nur eine der sechs möglichen Anordnungen (Permutationen) dieser Satzelemente, und jede mögliche Permutation ist in irgendeiner menschlichen Sprache verwirklicht. Einige Wortstellungen sind häufiger als andere, aber die Vielfalt läßt vermuten, daß die Wortstellung eher eine kulturelle Konvention als ein biologischer Imperativ ist, wie es für die Universalgrammatik vorgeschlagen wurde.

Worte, die dazu dienen, Punkte in der Zeit festzulegen (wie „morgen" oder „vorher"), erfordern weiter fortgeschrittene sprachliche Fähigkeiten, ebenso Worte, die einen Wunsch nach Information ausdrücken („was" oder „warum"), oder Worte, die Möglichkeiten andeuten („könnte" oder „würde"). Es lohnt sich festzustellen, was einer Pidgin-Protosprache fehlt: Dort finden sich keine Artikel wie „ein" oder „der", die Ihnen helfen, zu verstehen, ob sich ein Substantiv auf ein bestimmtes Objekt oder einfach auf die allgemeine Klasse von Objekten bezieht. In Protosprachen werden keine Beugungen (wie Genitiv-*s* oder Dativ-*m*) oder Nebensätze benutzt, und man läßt oft das Verb wegfallen, das aus dem Zusammenhang erraten wird.

Obwohl man Zeit braucht, um sie sich anzueignen, sind Vokabular und Grundwortstellung dennoch leichter zu erlernen, als die anderen regelgebundenen Teile der Sprache. Nach den Untersuchungen von Jacqueline S. Johnson und Elissa L. Newport meistern asiatische Einwanderer, die als Erwachsene Englisch lernen, Wortschatz und Sätze mit Grundwortstellung durchaus erfolgreich, haben aber große Schwierigkeiten bei anderen Aufgaben – Aufgaben, die diejenigen, die als Kinder immigriert sind, problemlos lösen. Im Englischen wie im Deutschen weichen die Wer-Was-Wo-Wann-Warum-Wie-Fragen von der Grundwortstellung ab: „Was hat John Betty gegeben?" ist die Konvention (außer in Quizshows, in denen man Fragen häufig die übliche Wortstellung gibt und statt dessen auf Betonung setzt: „John hat Betty *was* gegeben?"). Von der Grundwortstellung abweichende Wortstellungen bereiten denjenigen, die als Erwachsene einwandern, Schwierigkeiten; gleiches gilt für Abhängigkeiten (Dependenzen), die sich über mehrere Satzglieder erstrecken, so zum Beispiel für die Regel, daß zu einem Subjekt im Plural trotz mehrerer zwischengeschobener Adjektive ein Verb im Plural gehört. Erwachsene Immigranten machen nicht nur derartige Grammatikfehler, sie können solche Fehler auch nicht herausfinden, wenn sie sie hören. Beispielsweise ändert sich das Flexionssystem im Englischen wie im Deutschen, wenn es sich auf die Mehrzahl bezieht („Der Junge aß drei Butterbrot." Ist das korrekt?) und verändert ein Verb, wenn es sich auf die Vergangenheit bezieht („Gestern streichelt das Mädchen einen Hund." Okay?). Diejenigen, die vor ihrem siebten Lebensjahr in die Vereinigten Staaten gekommen sind, machen als Erwachsene nur wenige derartige Erkennungsfehler; diejenigen, die im Alter von sieben bis fünfzehn Jahren – wo das Fehlerniveau von Erwachsenen erreicht wird – Englisch zu lernen begonnen haben, machen als Erwachsene zunehmend mehr derartige Fehler. (Ich sollte betonen, daß die Linguisten in all diesen Fällen Immigranten testeten, die bereits zehn Jahre in einer englischsprachigen Umwelt lebten und beim Vokabular und der Interpretation von Sätzen mit Grundwortstellung normal abgeschnitten hatten.)

Im Alter von zwei bis drei Jahren lernen Kinder die Pluralregel: Im Englischen heißt das, ein *s* anhängen, im Deutschen oft ein *e*. Vorher behandeln sie alle Substantive als unregelmäßig. Selbst wenn Kinder zuvor „mice" („Mäuse") gesagt haben, fangen sie unter Umständen an, statt dessen „mouses" („Mause") zu sagen, sobald sie die Pluralregel gelernt haben. Schließlich lernen sie, die unregelmäßigen Substantive und Verben als Spezialfälle, als Ausnahmen von der Regel, zu behandeln. Man gewinnt nicht nur den Eindruck, daß Kinder etwa ab ihrem zweiten Geburtstag grammatische Regeln aufsaugen wie ein Schwamm, sondern es scheint auch so, daß sich dieses „Fenster" während der Schuljahre langsam schließt. Es ist vielleicht nicht unmöglich, solche Dinge auch noch als Erwachsener zu lernen, aber ein einfaches Eintauchen in eine englischsprachige Gesellschaft funktioniert bei Erwachsenen nicht mehr so mühelos wie bei Kindern zwischen zwei und sieben Jahren.

Ob Sie dies nun ein biologisches Programm oder eine Universalgrammatik nennen wollen – das Erlernen der schwierigsten Aspekte einer Sprache wird offenbar durch kindliche Wißbegier erleichtert, die genauso wie das Gehenlernen eine biologische Basis hat. Vielleicht ist diese Wißbegier spezifisch auf Sprache ausgerichtet, vielleicht sucht sie nur nach komplexen Mustern im Gehörten und Gesehenen und lernt, sie nachzuahmen. Ein gehörloses Kind wie Joseph, das regelmäßig beim Schachspielen zusieht, entdeckt vielleicht statt dessen Muster beim Schachspiel, die Schachregeln. Dieses biologische Programm zur Mustersuche könnte ein wichtiges Gerüst für die Entwicklung menschlicher Intelligenz sein.

In einem Wörterbuch finden Sie den Begriff „Grammatik" definiert als 1. Morphologie (Wortformen und Endungen), 2. Syntax (vom griechischen Wort für „anordnen" – das Ordnen von Wörtern zu Wortverbindungen und Sätzen) und 3. Phonologie (Sprachlaute und ihre Anordnung). Aber genauso, wie wir das Wort „Grammatik" häufig umgangssprachlich benutzen, um damit den gesellschaftlich korrekten Sprachgebrauch zu bezeichnen, verfallen die Linguisten ins entgegengesetzte Extrem und verwenden übertrieben enge statt übertrieben weite Definitionen. Mit „Grammatik" bezeichnen sie nur einen kleinen Ausschnitt der mentalen Grammatik – all die kleinen Hilfswörter, wie „nahe", „über" und „hinein", die Information über relative Positionen vermitteln. Wie man diese Worte auch immer nennen mag, auch sie spielen für unsere Analyse der Intelligenz eine recht wichtige Rolle.

Zunächst können solche grammatischen Elemente die relative Lage (*über, unter, in, auf, bei, neben*) und die relative Richtung (*auf ... zu, von ... weg, durch ... hindurch, links, rechts, nach oben, nach unten*) beschreiben. Daneben gibt es Worte für die relative Zeit (*vorher, nachher, während* und die verschiedenen

Zeitenanzeiger) und die relative Zahl (*viele, wenige, einige*, die Pluralendungen). Die Artikel drücken ähnlich wie Pronomen eine vermutete Vertrautheit oder Unvertrautheit aus (*der/die/das* für Dinge, von denen der Sprecher annimmt, sein Gesprächspartner werde sie wiedererkennen, *einer/eine/ein*, für Dinge, von denen Sprecher annimmt, sein Gesprächspartner werde sie nicht wiedererkennen). Andere grammatische Elemente auf Bikkertons Liste kennzeichnen relative Möglichkeit (*können, dürfen*), relative Abhängigkeit (*wenn nicht, obgleich, es sei denn, weil*), Besitz (*von*, Genitiv-*s, haben*), Wirkung (*durch*), Zweck (*für*), Notwendigkeit (*müssen*), Verpflichtung (*sollen*), Existenz (*sein*), Nicht-Existenz (*kein, nicht, un-*), und so weiter. Einige Sprachen verfügen über verbale Flexionsformen, die anzeigen, ob der Sprecher etwas aus persönlicher Erfahrung oder nur aus zweiter Hand weiß.

Grammatische Worte helfen also, Objekte und Ereignisse relativ zueinander auf einer mentalen Karte von Beziehungen in die richtige Position zu bringen. Da Beziehungen („größer", „schneller" und so weiter) das sind, was Analogien gewöhnlich vergleichen (wie in „größer ist schneller"), könnte sich dieser grammatische Aspekt des „Wörter-in-Position-Bringens" auch positiv auf die Intelligenz auswirken.

Syntax ist ein baumartiges Strukturieren relativer Beziehungen in einem mentalen Modell von Elementen, das weit über die konventionelle Wortanordnung oder den oben erwähnten „Positionierungs"-Aspekt der Grammatik hinausgeht. Mit Hilfe der Syntax kann ein Sprecher einem Zuhörer rasch ein mentales Bild davon vermitteln, wer was mit wem getan hat. Diese Beziehungen lassen sich am besten mit einem umgedrehten Baum darstellen, dessen Wurzeln nach oben zeigen, einem sogenannten Strukturbaum – nicht mit den Satzdiagrammen meiner High-School-Zeit, sondern mit einer modernen Diagrammversion, die als X-Bar-Phrasenstruktur bezeichnet wird. Da es heute ausgezeichnete populäre Bücher über dieses Thema gibt, möchte ich darauf verzichten, diese Diagramme hier zu erläutern (uff, noch einmal davongekommen!).

Die baumartige Struktur wird dann am deutlichsten, wenn man Nebensätze betrachtet, wie in dem Kinderreim über das Haus, das Jack gebaut hat. („Das ist der Bauer, der das Korn mäht,/Das den Hahn nährt, der morgens kräht/... Das in dem Haus lag, das Jack gebaut hat.") Bickerton erklärt, daß eine solche Schachtelung (Einnistung) möglich ist, weil

»Phrasen* nicht, wie es den Anschein haben kann, seriell aneinandergereiht sind wie Perlen auf einer Kette. Phrasen sind ineinandergeschachtelt wie russische Puppen. Die Bedeutung dieses Punktes läßt sich kaum überschätzen. Viele Menschen, die sich mit dem Ursprung der menschlichen Sprache oder den vermeintlichen Sprachkapazitäten nichthumaner Arten beschäftigen, haben sich dazu verleiten lassen, grob vereinfachende Hypothesen darüber aufzustellen, wie Sprache sich entwickelt haben könnte, einfach auf der Basis einen irrigen Annahme. Sie nehmen an, daß Worte seriell zu Phrasen und Phrasen zu Sätzen verbunden werden, in ganz ähnlicher Weise, wie sich aus einer Folge von Schritten das Gehen ergibt ... Nichts könnte weiter an der Wahrheit vorbeizielen. ... Das kann man sehen, wenn man einer Wortverbindung wie *the cow with the crumpled horn that Farmer Giles*

---

* Bezeichnung für eine Menge von syntaktischen Elementen, die eine Wortgruppe oder einen Satzteil von relativer Selbstständigkeit bilden (Bußmann, H. *Lexikon der Sprachwissenschaft*, Kroner, 1990) (Anm. d. Ü.)

likes [das Rind mit dem gewundenen Horn, das Bauer Giles mag]. Obgleich darin kein einziges Wort mehrdeutig ist, ist es die Phrase insgesamt gesehen, weil wir nicht wissen, ob es das Horn oder das Rind ist, das Bauer Giles mag.«

Neben einer solchen „Phrasenstruktur", wie sie genannt wird, gibt es eine „Argumentstruktur", die besonders dazu hilft, die Rolle der verschiedenen Nomen* im Satz zu erraten. Wenn Sie ein intransitives (nicht zum persönlichen Passiv fähiges) Verb wie „schlafen" sehen, dann können Sie sicher sein, daß ein einziges Substantiv (oder Pronomen) ausreicht, den Gedanken zu vervollständigen – nämlich die handelnde Person. Das gilt für alle Sprachen, in denen es ein Wort für „schlafen" gibt. Ähnlich, wenn eine Sprache ein Verb enthält, das „schlagen" bedeutet: Dann können Sie sicher sein, daß zwei Nomen beteiligt sind, ein Handelnder und ein Empfänger (vielleicht noch ein drittes Nomen für das Instrument, mit dem geschlagen wird). Ein Verb, das „geben" bedeutet, verlangt nach drei Nomen, da es auch etwas erfordert, das dem Empfänger gegeben wird. Daher weist jede mentale Organisationskarte für „geben" drei Leerstellen auf, die in geeigneter Weise gefüllt werden müssen, bevor Sie das Gefühl haben, den Satz richtig zu „verstehen" und zur nächsten Aufgabe übergehen können. Manchmal sind die Nomen implizit, (das heißt, sie werden stillschweigend ergänzt) wie bei der Aufforderung „Gib!", wo wir „du", „Geld" und „mir" automatisch ergänzen.

---

* Alle deklinierbaren Wortarten, also Substantive, Adjektive, Pronomen, und Zahlwörter (Anm. d. Ü.).

Wie Bickerton bemerkt, ist ein Satz wie

> ein kleines Bühnenstück oder eine Geschichte, in der jeder Charakter eine ganz bestimmte Rolle zu spielen hat. Die Liste dieser Rollen ist endlich und sehr kurz. Nicht alle Linguisten stimmen hinsichtlich dieser Rollen völlig überein, aber die meisten, wenn nicht alle, würden folgende Rollen nennen: handelnde Person (JOHN *kochte das Abendessen*), Objekt der Handlung oder Thema (*John kochte* DAS ABENDESSEN), Ziel (*Ich gab es* MARY), Quelle (*Ich kaufte es* VON FRED), Instrument (*Bill zerschnitt es* MIT EINEM MESSER) und Nutznießer (*Ich kaufte es* FÜR DICH) sowie Ort und Zeit.

Keine Tiersprache in freier Wildbahn weist derartige strukturelle Merkmale auf. Wildtiersprachen bestehen bestenfalls aus einigen Dutzend Lautäußerungen und den damit verbundene Verstärkern (bei denen das Signal gewöhnlich wiederholt wird, wie bei den Tanzrunden des Schwänzeltanzes oder den wiederholten Alarmschreien von Primaten), wobei es selten vorkommt, daß Äußerungen zu neuen Botschaften kombiniert werden. Mit entsprechendem Unterricht sind einige Tiere in der Lage, eine vereinbarte Wortanordnung zu verstehen, so daß sie auf die Aufforderung „Kanzi, touch the ball to the banana!", bei der sich der Handelnde durch die Wortstellung vom Objekt der Handlung unterscheiden läßt, richtig reagieren.

Linguisten würden die Sprachgrenze jedoch gern deutlich oberhalb eines solchen Satzverständnisses ansiedeln: Wenn sie Tierexperimente studieren, wollen sie Sätze sehen, die unter Anwendung einer mentalen Grammatik *gebildet* wurden; reines Verstehen, beharren sie, sei zu einfach. Wenn es auch oft genügt, eine Bedeutung zu erraten, um einen Satz zu verstehen, so zeigt doch erst der Versuch, ein Satzunikat zu formulieren, ob Sie die Regeln gut genug kennen, um Doppeldeutigkeiten zu vermeiden.

Dennoch ist dieser Sprachproduktionstest für den Wissenschaftler wichtiger als für den Sprachlernenden; schließlich geht das Sprachverständnis bei Kindern der Sprachproduktion voraus. Die ursprünglichen Versuche, Schimpansen die manuelle Gebärdensprache der Gehörlosen zu lehren, erforderten, den Schimpansen die gewünschten Bewegungen beizubringen; das Verständnis dessen, was die einzelnen Gebärden bedeuten, kam, wenn überhaupt, erst später. Nun, da sich die Sprachforschung bei Menschenaffen endlich der Verständnisfrage zugewandt hat, sieht dies nach einer größeren Hürde aus, als irgend jemand vermutet hätte – aber wenn ein Tier diese Hürde einmal überwunden hat, nimmt die spontane Sprachproduktion zu.

Linguisten interessieren sich eigentlich für nichts unterhalb richtiger Regeln, doch Ethologen, vergleichende Psychologen und Entwicklungspsychologen schon. Damit jeder ein Stück vom Kuchen abbekommt, sprechen wir manchmal von Sprache im Sinne von „Fremdsprachen", von Sprache im Sinne einer systematischen Kommunikation und von Sprache im Sinne von „Hochsprache", wenn es um die Äußerungen einer eine fortgeschrittene Syntax benutzenden Elite geht. All diese Facetten von „Sprache" fördern die Entwicklung von geistiger Wendigkeit und Reaktionsgeschwindigkeit (und damit von Intelligenz). Morphologie und Phonologie erzählen uns zwar auch etwas über kognitive Prozesse, doch Phrasenstruktur, Argumentstruktur und Worte, die relative Positionen kennzeichnen, sind wegen ihres architekturalen Aspekts von besonderem Interesse – und dieser vermittelt einen gewissen Einblick in die mentalen Strukturen, die dem Piagetschen Typ von Intelligenz zur Verfügung stehen:

Verstehen erfordert einen aktiven geistigen Prozeß des Zuhö-
rens, bei dem man aus kurzen Lautgruppen zu entnehmen
versucht, was ein anderer meint und beabsichtigt – und beides
wird immer nur unvollkommen mitgeteilt. Dagegen ist die
Sprachproduktion einfach. Wir wissen, was wir denken und
was wir ausdrücken wollen. Die Sprachproduktion besteht
einfach nur in der mechanischen Umsetzung unserer Gedan-
ken in Sprechlaute. Wir müssen dabei nicht herausfinden,
„was wir eigentlich meinen", sondern wir müssen es nur
sagen. Wenn wir dagegen einem anderen zuhören, müssen wir
nicht nur feststellen, was unser Gegenüber sagt, sondern auch,
was der andere mit seinen Worten meint, und das ohne jenes
Wissen, das der Sprechende über sich selbst besitzt.

SUE SAVAGE-RUMBAUGH, *1994*

Wieviel Sprache ist dem Menschen angeboren? Sicherlich ist
die natürliche Bereitschaft, durch Nachahmung neue Worte zu
lernen, in einer Weise angeboren, wie es die Bereitschaft, Arith-
metik zu lernen, nicht ist. Auch Tiere lernen Gesten durch Nachahmung, doch Kinder im Vorschulalter lernen offenbar durchschnittlich zehn neue Worte pro Tag – ein Kunststück, das sie
als Nachahmer auf eine völlig andere Stufe hebt. Und sie erwerben nicht nur einen Wortschatz, sondern auch wichtige soziale
Werkzeuge: Das richtige Werkzeug für den Job verleiht seinem
Nutzer Intelligenz, wie der britische Neuropsychologe Richard
Gregory betont –, und Worte sind soziale Werkzeuge. Daher
könnte dieser Antrieb, neue Worte zu lernen, allein Grund genug für eine bedeutende Intelligenzsteigerung im Vergleich zu
Menschenaffen sein.

Vorschulkinder besitzen auch den Antrieb, die Kombinations-
regeln zu erlernen, die wir mentale Grammatik nennen. Das ist
keine intellektuelle Aufgabe im gewöhnlichen Sinne: Selbst
Kinder mit unterdurchschnittlicher Intelligenz erwerben die nö-

tige Syntax anscheinend mühelos durch Zuhören. Der Erwerb
von Syntax ist auch nicht das Ergebnis von Versuch und Irrtum,
denn Kinder gehen offenbar sehr schnell zu syntaktischen Konstruktionen über. Lernen spielt dabei sicher eine Rolle, aber
einige „eherne Gesetze" der Grammatik lassen auf eine angeborene neuronale Verschaltung schließen. Wie Derek Bickerton
betont, ist unsere Art und Weise, Beziehungen auszudrücken
(wie mit allen diesen *über/unter*-Wörtern) resistent gegen jede
Erweiterung, wohingegen wir unseren Wortschatz stets durch
zusätzliche Substantive oder Adjektive erweitern können. Wegen der Ähnlichkeit der Fehler, die Kindern beim Spracherwerb
über alle Sprachgrenzen hinweg machen, wegen der Art und
Weise, in der sich verschiedene Aspekte der Grammatik über
alle Sprachgrenzen hinweg gemeinsam verändern (die SVO benutzt Präpositionen wie „mit dem Bus", während die SOV eher
Postpositionen wie „Bus, mit dem" verwendet), wegen der Untersuchungen über erwachsene asiatische Einwanderer und wegen gewisser Konstruktionen, die offenbar in allen bekannten
Sprachen verboten sind, haben Linguisten wie Noam Chomsky
vermutet, daß Sprache eine biologische Komponente aufweist –
daß das menschliche Gehirn bereits die neuronalen Verschaltun-
gen für die baumartigen Konstruktionen enthält, die man zum
Sätzebilden braucht, genauso, wie der aufrechte Gang in ihm
fest verankert ist:

»Das normale Sprechen besteht zum großen Teil aus
Fragmenten, falschen Starts, Mischungen und anderen
Verzerrungen der zugrundeliegenden idealisierten Form.
Dennoch ... lernt das Kind genau diese zugrundeliegende
[idealisierte Form]. Das ist bemerkenswert. Wir müssen
auch bedenken, daß das Kind diese [idealisierte Form]
ohne ausdrückliche Anweisung konstruiert, daß es dieses

Wissen zu einem Zeitpunkt erwirbt, wo es auf vielen anderen Gebieten nicht zu komplexen intellektuellen Leistungen fähig ist, und daß diese Leistung relativ unabhängig von der Intelligenz ist.«

Es gibt natürlich ein „Sprachmodul" im Gehirn – bei den meisten von uns liegt es direkt über dem linken Ohr –, und die Universalgrammatik ist möglicherweise schon von Geburt an dort angelegt. Niederen Affen fehlt dieses linke Sprachareal: Bei ihren Lautäußerungen benutzen sie ein primitiveres Sprachareal über dem Balken (Corpus callosum), das Menschen zu emotionalen Äußerungen dient. Niemand weiß bisher, ob Menschenaffen ein laterales Sprachareal oder etwas Ähnliches besitzen.

Wenn ein junger Bonobo oder Schimpanse die beiden Kräfte, die ein Menschenkind antreiben, Worte zu lernen und Regeln zu entdecken, in genügend hoher Intensität und im richtigen Moment der Gehirnentwicklung verspürte, würde er dann einen Sprachcortex wie den unseren entwickeln und ihn dazu benutzen, aus Wortgemischen einen Satz von Regeln herauszukristallisieren? Oder ist diese neuronale Verschaltung, die Menschen angeboren ist, zwar vorhanden, aber ohne relevante Erfahrungen, und bleibt einfach ungenutzt, weil Antrieb oder Gelegenheit fehlen? Beides, so scheint mir, läßt sich mit Chomskys Aussage in Einklang bringen. Eine Universalgrammatik könnte sich aus den „Kristallisations"-Regeln der Selbstorganisation ergeben, genauso, wie aus zellulären Automaten Blinker (*flashers*) und Raumgleiter (*gliders*) erwachsen.* Eine Möglichkeit,

---

* Bezieht sich auf das Evolutionsspiel *Life*, das von dem englischen Mathematiker J. H. Conway entwickelt wurde; siehe z. B. Eigen, M.; Winkler, W. *Das Spiel*, Piper, 1978 (Anm. d. Ü.).

um experimentell zwischen einer allein dem Menschen eigenen, angeborenen Verschaltung und einer von äußeren Einflüssen vorangetriebenen Kristallisation zu unterscheiden, besteht darin, vielversprechende Menschenaffenschüler mit Vokabeln und Sätzen zu füttern, wobei clevere Motivationsschemata die natürliche Lernbegierde des Kindes ersetzen müssen. Es ist meines Erachtens ein Glück, daß Menschenaffen in Hinblick auf die „echte Sprache" der Linguisten Grenzfälle sind, denn ihre mühsamen Lernschritte könnten irgendwann einen Blick auf das funktionelle Fundament mentaler Grammatik erlauben. Im Laufe der menschlichen Evolution sind die „Trittsteine" dieses Weges vermutlich überpflastert, überbaut und so stark verändert worden, daß man sie nicht mehr wiedererkennt.

Manchmal wiederholt sich in der Ontogenese die Phylogenese (die Versuche eines Krabbelkindes, den aufrechten Gang zu erlernen, spiegeln den phylogenetischen Übergang vom Vierbeiner zum Zweibeiner wider; das Absenken des Kehlkopfs im ersten Lebensjahr wiederholt teilweise Veränderungen, wie sie sich beim Übergang von Menschenaffen zum Mensch abgespielt haben). Doch eine Entwicklung verläuft unter Umständen so rasch, daß man die Neuinszenierung des evolutionären Prozesses nicht verfolgen kann. Wenn wir den Übergang zu komplexeren Konstruktionen jedoch bei Bonobos beobachten könnten, ließe sich vielleicht feststellen, welche Art von Lernen die Syntax verbessert, welche anderen Aufgaben damit konkurrieren und die Sprachentwicklung behindern, und welche Hirnregionen im Vergleich zum Menschen „aufleuchten". Derartige Erkenntnisse wären nicht nur wichtig, um zu definieren, was typisch menschlich ist; das Wissen um die Grundlagen der Sprache bei Menschenaffen könnte uns auch helfen, sprachbehinderte Menschen besser zu fördern, und sogar Synergien enthüllen, die uns beim Sprachenlernen und beim besserem Raten oder

Einschätzen nützlich sind. Nur mit Hilfe geschickter Bonobo-lehrer wird es uns gelingen, Fragen über die „Trittsteine" auf dem Weg zum Spracherwerb zu beantworten.

Syntax wird offenbar immer dann eingesetzt, wenn man komplexere mentale Modelle konstruieren will, in denen es darum geht, wer was mit wem warum, wann und womit getan hat. Wenn Sie eine derartige Erkenntnis vermitteln wollen, müssen Sie Ihr mentales Modell, das diese Beziehungen widerspiegelt, in die mentale Grammatik der Sprache übersetzen; dann ordnen oder beugen Sie die Worte, um dem Zuhörer zu helfen, Ihr mentales Modell zu rekonstruieren. Es wäre natürlich vielleicht simpler, einfach von vorneherein „in Syntax zu denken". In diesem Sinne können wir erwarten, daß aus einem Zuwachs an Syntax ein bedeutender Zuwachs an Intelligenz im Sinne von „richtig raten" resultiert.

Ziel des Spiels ist, Ihr mentales Modell im Kopf Ihres Zuhörers wiedererstehen zu lassen. Der Empfänger Ihrer Botschaft muß dieselbe mentale Grammatik verwenden wie Sie, um die Wortsequenz in annähernd dieselbe mentale Erkenntnis umzusetzen. Daher geht es bei der Syntax um das Strukturieren von Beziehungen zwischen Elementen (gewöhnlich Worten) in Ihrem allem zugrundeliegenden mentalen Modell und nicht um die Oberfläche von Elementen – wie SVO oder Beugungen, die lediglich Hinweise liefern. Ihre Aufgabe als Zuhörer ist es herauszufinden, welcher Strukturbaumtyp gut zu der Wortfolge paßt, die Sie hören. (Stellen Sie sich vor, man sendet Ihnen die numerischen Werte für ein Computerprogamm zur Berechnung von Ein- und Ausgaben, und Sie müßten die mathematischen Formeln erraten, die notwendig sind, um sie in Beziehung zu setzen.)

Um den richtigen Baumtyp zu finden, probieren Sie eine einfache Anordnung aus (handelnde Person, Handlung, Objekt der Handlung, Modifikatoren) und füllen das Szenario mit den übriggebliebenen Worten auf. Sie versuchen einen anderen Baum und entdecken dort ungefüllte Plätze, die nicht leer bleiben können. Sie benutzen die Hinweise über die Baumstruktur, die Ihnen die Pluralformen und die Verben des Sprechers liefern – beispielsweise wissen Sie, daß zu „geben" sowohl ein Empfänger als auch ein gegebenes Objekt gehören. Wenn es kein (gesprochenes oder impliziertes) Wort gibt, um eine Leerstelle zu füllen, die gefüllt werden muß, dann streichen Sie diesen Baum und gehen zum nächsten über. Vermutlich probieren Sie eine Menge Bäume gleichzeitig aus statt der Reihe nach, denn „Verstehen" (eine hinreichend gute Interpretation für „eine Wortfolge finden") kann sich blitzschnell einstellen.

Am Ende sind vielleicht bei mehreren Bäumen alle Leerstellen in geeigneter Weise ausgefüllt, also ohne daß Worte übrigbleiben, daher müssen Sie entscheiden, welche Interpretation unter den gegebenen Umständen die vernünftigste ist. Das heißt „Verstehen" – zumindest in meiner (sicherlich zu stark vereinfachten) Version des Modells der Linguisten.

Denken Sie an ein Patiencespiel: Das Spiel ist erst beendet, wenn Sie alle Karten aufgedeckt und abgelegt haben – wobei Sie die Regeln über absteigende Werte und alternierende Farben beachten müssen –, und je nachdem, wie die Karten gemischt sind, ist es manchmal unmöglich, alle Karten abzulegen; das Spiel geht nicht auf. Sie verlieren diese Runde, mischen die Karten erneut und versuchen es noch einmal. Für einige Wortfolgen läßt sich trotz allem Umordnen keine vernünftige Beziehung finden – Sie können keine Story konstruieren, die erklären würde, wer was mit wem getan hat. Wenn Ihnen jemand eine so unsinnige Wortfolge präsentiert, ist er bei einem wichtigen Test für Sprachfähigkeit durchgefallen.

Bei einigen Sätzen, die von einem linguistisch geschulten Menschen formuliert werden, haben Sie das entgegengesetzte Problem: Sie können zahlreiche Szenarios produzieren – alternative Möglichkeiten, die Wortfolge zu verstehen. Im allgemeinen erfüllt einer der Kandidaten die Sprachkonventionen oder die Situation besser als andere und wird so zur „Bedeutung" der Kommunikation. Der Kontext schafft für einige Elemente im Satz vorgegebene Bedeutungen und erspart es dem Sprecher, einen längeren Satz zu bilden (Pronomen sind solche Abkürzungen).

Die Art formaler Regeln zur korrekten Satzkonstruktion, die Sie in der Schule gelernt haben, werden durch die unvollständigen Äußerungen der Umgangssprache eigentlich ständig verletzt. Aber die Umgangssprache reicht aus, weil der wahre Kommunikationstest darin besteht zu prüfen, ob Sie Ihren Zuhörern Ihr mentales Modell dessen übermitteln können, was wer mit wem getan hat; gewöhnlich können die Zuhörern die fehlenden Teile aus dem Zusammenhang ergänzen. Da eine schriftliche Botschaft mit viel weniger Kontext und ohne Rückkopplungen, wie einen verstehenden oder verwirrten Ausdruck auf dem Gesicht des Zuhörers, auskommen muß, müssen wir beim Schreiben ausführlicher – tatsächlich sogar redundanter – sein als beim Sprechen und uns strenger an syntaktische und grammatische Regeln halten.

Linguisten wüßten gerne, von welcher „Maschine" im Kopf Sätze erzeugt und verstanden werden – das nämlich macht die außerordentlich hohe Geschwindigkeit des Satzverständnisses aus. Ich nenne diese „Sprachmaschine" gerne eine *lingua ex machina*. Das fordert natürlich zu einem Vergleich mit dem *deus ex machina* des klassischen Dramas heraus – das ist eine Plattform, die auf die Bühne gerollt wird (die Gottesmaschine) und von der herab ein Gott die anderen Schauspieler belehrt; in neuerer Zeit bezeichnet man damit auch jede Improvisation oder Notlösung, die über eine Schwachstelle im Drehbuch hinweghilft. Bis wir in der Lage sind, ein besseres „Drehbuch" zu schreiben, werden unsere Algorithmen für das Verstehen von Sätzen ebenfalls etwas improvisiert klingen.

Im folgenden möchte ich zeigen, wie eine solche *lingua ex machina* funktionieren könnte, indem sie Phrasen- und Argumentstrukturen* algorithmisch kombiniert. Linguisten werden meinen Vorschlag wahrscheinlich wenigstens ebenso weithergeholt finden wie andere Diagrammsysteme. Aber die folgenden Absätze beschreiben „Calvins Saugheber-Lastentransportsystem", das mit Hilfe so einfacher Prozesse funktioniert, wie man sie vom Schiffeentladen oder vom Packband her kennt.

Lassen Sie uns annehmen, wir hätten gerade einen vollständigen Satz gehört oder gelesen: „The tall blond man with one black shoe gave the other to her" („Der hochgewachsene blonde Mann mit dem einen schwarzen Schuh gab ihr den anderen.") Wie machen wir uns ein mentales Modell von dieser Handlung? Wir müssen einige Satzteile in Boxen packen, und Präpositionalphrasen sind ein guter Ausgangspunkt. Unsere Maschine kennt alle Präpositionen und steckt die ihnen benachbarten Nomen (das folgende Nomen, wenn der Satz englisch, das vorangehende, wenn er japanisch ist) in dieselbe Box. Ich benutze Boxen mit abgerundeten Ecken, um das Verpacken der Phrasen anzuzeigen – „with one black shoe" und „to her". Gelegentlich muß man nichtlinguistische Gedächtnisinhalte bemühen, um etwas in die richtige Box zu packen, wie bei der doppeldeutigen Phrase „the cow with the crumpled horn that Farmer Giles likes" („das Rind mit dem gewundenen Horn, das Bauer Giles

---

* Ein Argument bezeichnet in der Formalen Logik die Leerstellen eines Prädikats (Anm. d. Ü.).

mag"). Zu wissen, daß Giles eine Sammlung Hörner über seinem Kaminsims hängen hat, kann Ihnen helfen zu erraten, ob
sich dieses „that Farmer Giles likes" auf „cow" oder „crumpled
horn" bezieht.

Verben kommen wegen der besonderen Rolle, die sie spielen,
in spezielle Boxen. Hätte der Satz ein Adverb (im Englischen
kenntlich am angehängten -ly) oder ein Hilfsverb (wie „müssen") enthalten, so wären sie in dieselbe Box wie das Verb
gekommen, selbst wenn sie nicht direkt danebenstehen. Dann
verpacken wir die Nominalphrasen und verleiben uns dabei
auch alle Boxen mit Präpositionalphrasen ein, die sie modifizieren, so daß in rechteckigen Boxen abgerundete Boxen liegen
können. Wenn wir auf eine eingenistete Phrase stoßen, so kann
sie bei der nächsten Verpackungsrunde wie ein Nomen behandelt werden. Nun haben wir alles verpackt (es müssen mindestens zwei Boxen sein, aber oft sind es viel mehr).

Als nächstes müssen wir die Boxen zusammen „hochheben"
und können die Konstruktion dann, metaphorisch gesprochen,
aus dem Arbeitsraum abtransportieren, denn wir haben den Sinn
des Satzes endlich verstanden. Wird sich die Boxengruppe vom
Boden heben lassen? An meiner Saugheber-Maschine gibt es
verschiedene Arten von Griffen, und welchen wir benutzen
müssen, hängt von dem Verb ab, das wir identifiziert haben (in
diesem Fall die Vergangenheitsform von „give"). Dazu kommt
ein Sauger für die Nominalphrasen-Box, die das Subjekt enthält
(ich habe ihn als kleine Pyramide gezeichnet). Sie können keinen Satz ohne Subjekt und Verb bilden, und wenn das Subjekt
fehlt, wird Luft durch die Öffnung des Saugers eingesogen, so
daß sich kein Unterdruck ausbilden und der Lastenheber keine
Lasten heben kann. (Aus diesem Grunde habe ich hier Sauger
statt Haken gewählt – um ein Zielobjekt zwingend vorzuschreiben.)

Calvins Saugheber-Lastentransportsystem

1. Packen Sie Ihre Präpositionalphrasen in eine Box, mit einer Spezialbox für das Verb (einschließlich aller Adverbien und Hilfsverben).

Der große blonde Mann | *mit einem schwarzen Schuh* | *gab* *den anderen* | *ihr*

2. Packen Sie Ihre Nominalphrasen samt aller ihrer Modifikatoren (Boxen innerhalb von Boxen) ein.

Der große blonde Mann | *mit einem schwarzen Schuh* | *gab* | *den anderen* | *ihr*

3. Das Verb identifiziert eine Art Hebegriff: Subjekt mit zwei obligatorischen Objekten

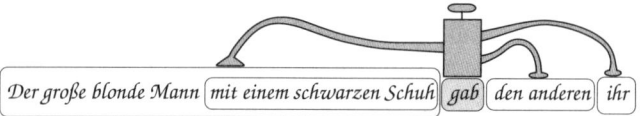

Der große blonde Mann | *mit einem schwarzen Schuh* | *gab* | *den anderen* | *ihr*

4. Erfolg bedeutet, den Satz „hochheben" zu können, ohne daß etwas übrigbleibt.

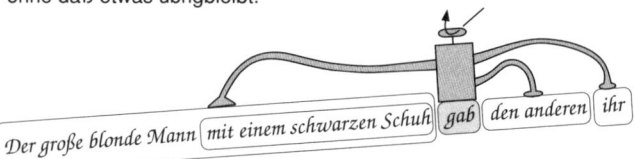

Der große blonde Mann | *mit einem schwarzen Schuh* | *gab* | *den anderen* | *ihr*

5. Fehlt eine obligatorische Box, so bildet sich kein Unterdruck aus, wenn der Griff hochgezogen wird.

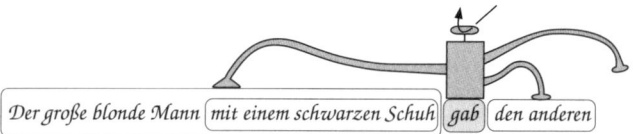

Der große blonde Mann | *mit einem schwarzen Schuh* | *gab* | *den anderen*

Aber wie ich bereits früher angemerkt habe, ist „give" insofern ein sonderbares Verb, als daß es zwei Objekte erfordert. (Sie können nicht sagen „I gave to her" [Ich gab ihr] oder „I gave it" [Ich gab es].) Daher hat dieser Hebegriff zwei weitere Saugarme. Ich habe ihn zusätzlich mit einigen nichtvakuumbetriebenen Armen ausgestattet – einfachen Angeln mit Haken, die so viele optionale Nominal- und Präpositionalphrasen tragen können, wie das Verb erlaubt.

Manchmal benötigen die Saugarme und die optionalen Hakenarme eine gewisse Lenkung, um ein geeignetes Ziel zu finden: Beispielsweise kann die SVO dem Subjekt-Saugarm helfen, die richtige Nominalphrase zu finden – wie es auch ein Kasusmarker, wie „er", tun kann. Andere Flexionsformen, wie Geschlecht oder Zahlübereinstimmung zwischen Verb und Subjekt, wirken unterstützend. Die Saugarme und die Haken können kleine Etiketten tragen, auf denen Nutznießer, Instrument, Verneinung, Verpflichtung, Zweck, Besitzer und so weiter stehen und die besagen, daß sich der Träger nur mit Worten aus der jeweiligen Kategorie einläßt. Den Verbgriff und damit alle Lasten anzuheben, ohne daß eine Box zurück oder ein Saugarm unbesetzt bleibt – das ist es, was bei dieser speziellen Grammatikmaschine das Erkennen eines Satzes ausmacht. Findet ein Saugarm keinen geeigneten Anlegeplatz, dann entwickelt sich kein Unterdruck, wenn der Griff angehoben wird, und die Konstruktion läßt sich nicht hochheben. Der Satz ist nicht komplett.

Wie gesagt, hat jedes Verb, sobald es einmal von der *lingua ex machina* identifiziert worden ist, einen charakteristischen Grifftyp: Beispielsweise haben Griffe für intransitive Verben wie „schlafen" nur den einen Saugarm für das Subjekt, besitzen aber für den Fall, daß zusätzliche Phrasen abtransportiert werden müssen, optionale Haken. Im Zusammenhang mit „schlafen" können optionale Rollen wie Zeit („nach dem Essen") und Ort („auf dem Sofa") auftreten – aber kein Empfänger.

Gewöhnlich gibt es einen Saugarm für eine handelnde Person (wenn es auch manchmal keine handelnde Person gibt – wie in dem Satz „Das Eis schmolz"), möglicherweise auch zusätzliche Saugarme, die zu dieser Rolle passen, sowie einige Haken für weitere mögliche Rollen im Erzählrepertoire des Verbs.

Und natürlich kann dasselbe Box-in-der-Box-Prinzip, das einer Präpositionalphrase erlaubt, als Substantiv zu dienen, uns erlauben, Sätze innerhalb von Sätzen zu bilden, wie in Nebensätzen oder Konstruktionen der Form: „Ich glaube, ich sah ihn den Hof verlassen, um nach Hause zu gehen."

Das also ist die Kurzversion meines Lastentransportsystems. Ich nehme an, daß wie in einem Raum voller Bingospieler viele Lösungsversuche parallel unternommen werden, daß zahlreiche Kopien des Kandidantensatzes an verschiedenen prototypischen Satzgerüsten auf ihre Paßform geprüft werden und die meisten Versuche wegen übriggebliebener Worte und ungefüllten Saugarme fehlschlagen. Die Version, deren Verbgriff alles hochhebt, ruft „Bingo!", und das Dechiffrierspiel ist vorbei (natürlich nur dann, wenn es keinen Knoten gibt).

Das erfolgreiche Anheben aller Boxen ist lediglich ein Test für einen korrekt gebauten Satz; beachten Sie, daß Wortfolge und Flexionen nicht länger eine Rolle spielen, sobald der Satz einmal erfolgreich hochgehoben worden ist, denn die Rollen sind nun festgelegt. Diese *lingua ex machina* würde auch bestimmte Arten von Nonsense-Sätzen hochheben – wie Chomskys berühmtes „Farblose grüne Ideen schlafen wütend" –, nicht aber einen Nicht-Satz wie „Farblose grüne Ideen schlafen ihnen". (Der Verbgriff für „schlafen" besitzt keine Haken oder Sauger für übriggebliebene Objekte.)

Neben den Saugarmen für die obligatorischen Rollen besitzen viele Verbgriffe „Haken", die optionale Rollen transportieren, wenn sie eine Box mit geeignetem Inhalt finden.

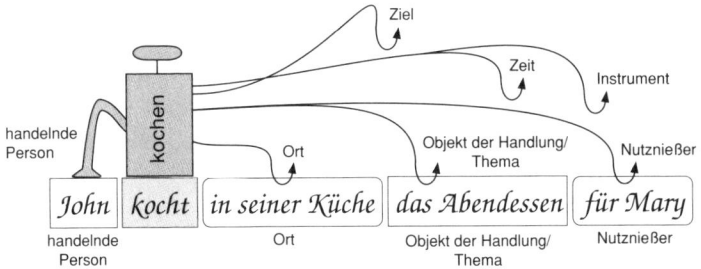

Den Griffen für intransitive Verben fehlen Haken für bestimmte Rollen, ...

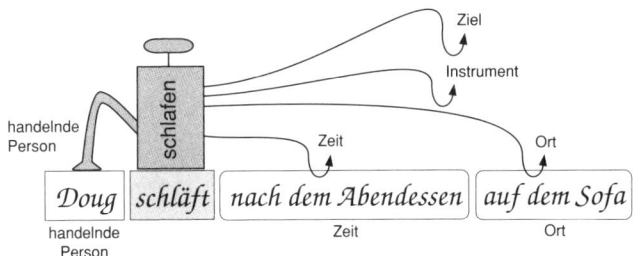

... und daher gibt es für einige unzulässige Boxen keine Heber, so daß eine Box zurückbleibt, und die Aufgabe nicht zu Ende geführt werden kann.

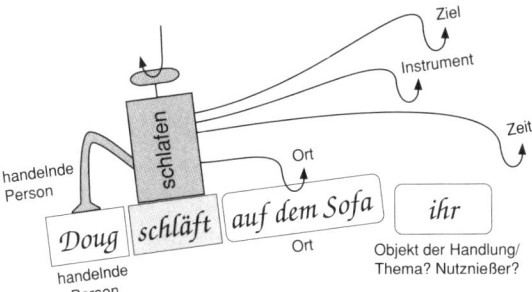

Obwohl Ziel jeder Kommunikation ein vernünftiges mentales Modell von Beziehungen ist und grammatisch inkorrekte Sätze sich nicht entziffern lassen – es sei denn durch einfache Wortassoziation – kann man dennoch grammatische Wortmuster erzeugen, die den Erwartungen an einen Satz entsprechen, aber nicht mit einem vernünftigen mentalen Modell assoziiert werden können. Der Semantiktest unterscheidet sich vom Grammatiktest. Die Semantik ist es auch, die den Knoten zerschlägt und zwischen mehreren Gewinnern entscheidet, in etwa der gleichen Weise, wie Boxkämpfe, die ohne K.o. enden, nach Ringrichterpunkten entschieden werden. Auf diese Weise erraten wir auch, was Bauer Giles wohl mag, das Rind oder das Horn.

Jeder Satz ist bereits eine kleine Geschichte, doch wir bauen zudem auf Wortfolgen basierende, konzeptuelle Strukturen auf, die weit über Sätze hinausreichen. Dabei müssen ebenfalls viele obligatorische und optionale Rollen besetzt werden. Diese konzeptuellen Strukturen kommen im Schlepptau der Grammatik daher, wie die Schriftstellerin Kathryn Morton formuliert:

»Das erste Anzeichen bei einem Baby, daß aus einem plärrenden Schmuseobjekt nun allmählich ein menschliches Wesen wird, ist, daß es die Welt um sich herum zu benennen beginnt und nach Geschichten verlangt, die diese benannten Teile miteinander verknüpfen. Anschließend wird es das frisch erworbene Wissen seinem Teddybär mitteilen, seine Weltsicht den Spielkameraden im Sandkasten aufzuzwingen versuchen, sich selbst Geschichten darüber erzählen, was es spielt, und sich ausdenken, was es tun wird, wenn es einmal groß ist. Es wird die Handlungen anderer verfolgen und Verstöße gegen die Regeln der Aufsichtperson melden. Und es wird eine Gute-Nacht-Geschichte verlangen.«

Aus solchen Kindererzählungen entwickeln sich allmählich unsere planerischen Fähigkeiten; sie bilden eines der wichtigsten Fundamente für ethische Entscheidungen, da wir uns eine Handlung vorstellen, uns ihre Wirkung auf andere ausmalen und uns dann entscheiden, es lieber nicht zu tun.

Dadurch, daß wir uns die mentalen Strukturen für Syntax zunutze machen, um das Resultat anderer, nichtsyntaktischer Kombinationen möglicher Handlungen zu beurteilen, können wir unsere planerischen Fähigkeiten und unsere Intelligenz steigern. In einem gewissen Maße geschieht das, indem wir lautlos mit uns selber reden und Geschichten erfinden, was als nächstes passieren könnte, und dann syntaxähnliche Kombinationsstrukturen anwenden, um ein Szenario (wieder eine Entscheidung nach Punkten!) als gefährlichen Unsinn, bloßen Unsinn, möglich, wahrscheinlich oder logisch zu bewerten. Aber unser intelligentes Raten ist nicht auf sprachähnliche Konstrukte begrenzt; tatsächlich rufen wir vielleicht „Heureka!", wenn ein Komplex mentaler Beziehungen am richtigen Platz einklickt, haben aber Schwierigkeiten, dieses Verstehen anschließend verbal auszudrücken. Was am menschlichen Gehirn ermöglicht es uns, komplexe Beziehungen so gut einzuschätzen?

Wir machen uns nicht klar, wie stark unsere Ausgangsannahme die Art beeinflußt, wie wir Daten sammeln und auswerten. Wir sollten erkennen, daß nichtmenschliche Lebewesen nicht jeder neuen Definition für menschliche Sprache, Werkzeugbenutzung, Geist oder Bewußtsein entsprechen müssen: von allen diesen Dingen haben sie vielleicht eine eigene Version, die eine ernsthafte Analyse wert ist. Wir haben uns zu stark abgegrenzt und trachten nach Definitionen, die den Menschen von allen anderen Lebewesen auf der Erde unterscheiden. Wir müssen uns wieder dem großen Strom des Lebens anschließen, aus dem wir hervorgegangen sind, und wir sollten danach streben, in ihm den Keim all dessen zu sehen, was wir sind und was wir vielleicht einmal werden.

SUE SAVAGE-RUMBAUGH, 1994

[Wir] können weder uns selbst noch unsere Welt verstehen, solange wir nicht völlig verstanden haben, was Sprache ist und was sie für unsere Art getan hat. Denn obgleich Sprache unsere Art und auch die Welt geschaffen hat, in der wir leben, trieben uns die von ihr freigesetzten Kräfte dazu, unsere Umwelt zu verstehen und zu kontrollieren, statt die Triebfeder unseres eigenen Seins zu erforschen. Wir sind diesem Weg der Kontrolle und der Herrschaft gefolgt, bis selbst die Wagemutigsten unter uns sich zu sorgen begannen, wohin er führen mag. Nun sollte der Motor unserer Suche nach Macht und Wissen selbst *das Objekt werden, das wir zu verstehen suchen.*

DEREK BICKERTON, 1990

6 Evolution im Handumdrehen

*Das Voraussehen von Phänomenen und ihre Beherrschung
hängen vom Wissen um ihre Reihenfolge ab und nicht von
irgendwelchen Vorstellungen, die wir vielleicht hinsichtlich
ihres Ursprungs oder ihrer inneren Natur gebildet haben.*

JOHN STUART MILL,
Auguste Comte and Positivism, 1865

*Die Probleme werden nicht durch neue Information gelöst,
sondern durch Neuanordnen dessen,
was wir bereits seit langem gewußt haben.*

LUDWIG WITTGENSTEIN,
Philosophische Untersuchungen, 1953

„Ein Ding folgt auf ein anderes" ist ein recht einfaches Konzept, ein Konzept, das viele Tiere begreifen können. Und genau darum geht es meist beim Lernen: Bei Pawlows Hunden war es die Erkenntnis „Auf den Ton der *Glocke* folgt meist *Futter*".

Natürlich können auch mehr als zwei Dinge miteinander verknüpft sein; viele Tiere verfügen über komplizierte Gesänge, ganz zu schweigen von komplexen Bewegungsfolgen, wie Gehen oder Laufen. Einen gewissen Wortschatz zu erwerben und eine Grundwortstellung zu verstehen, das sind Sprachaufgaben, die Menschen wie auch Bonobos recht leicht bewältigen.

Wenn Reihenfolge etwas so Elementares ist, warum ist dann Planung im Tierreich – abgesehen von trivialen Fällen, die sich schon mit etwas Melatonin bewältigen lassen – so selten? Welche zusätzliche mentale Maschinerie braucht man, um für einen völlig neuen, unvorhergesehenen Fall zu planen? (Vielleicht ist es die Argumentstruktur, wie bei diesen verbhebenden Griffen?) Wie schaffen wir es, ohne exakte Erinnerungen, die uns leiten könnten, etwas zu tun, was wir noch nie zuvor getan haben? Wie können wir uns so etwas auch nur vorstellen?

Wir sagen ständig etwas, was wir noch nie zuvor gesagt haben. Ebenso häufig setzen wir (wenn auch oft unterbewußt) diesen „Was-passiert-als-nächstes?"-Vorhersagemechanismus ein, der in Kapitel 2 im Zusammenhang mit den negativen Auswirkungen einer inkohärenten Umgebung auf die Stimmung erwähnt wurde.

Vielleicht ähneln die Mechanismen für vorausschauendes Verhalten denjenigen, die bei den komplexeren Aspekten der mentalen Grammatik angewandt werden – den Aspekten, bei denen satzübergreifende Abhängigkeiten eine Rolle spielen, wie es der Fall ist, wenn die Grundwortstellung durch die alternativen Formen für die Wer-Was-Wann-Fragen ersetzt wird. Vielleicht spiegeln die Strukturbäume, die zur Abbildung der Phrasenstruktur dienen, oder die obligatorischen Rollen der Argumentstruktur mentale Mechanismen wider, die vorausschauendem Verhalten in einem allgemeineren Sinne zugute kommen.

Die mentale Grammatik liefert uns einen detaillierten Einblick in diejenigen mentalen Strukturen, die intelligentes Raten fördern könnten. In diesem Kapitel geht es um drei weitere Parameter: um das sogenannte Chunking*, um Sequenzieren und um darwinistische Prozesse.

---

* Mit Chunking bezeichnen die Linguisten die (individuell unterschiedliche) Bündelung von Informationseinheiten (Anm. d. Ü.).

Ein halbes Dutzend Dinge gleichzeitig im Gedächtnis zu behalten, ist eine der Fähigkeiten, die bei Multiple-Choice-Tests
gemessen werden; das gilt besonders für Analogiefragen (A
verhält sich zu B wie C zu [D, E, F]). Diese Fähigkeit erlaubt
uns auch, uns lange genug an mehrstellige Telephonnummern
zu erinnern, um sie einzutippen. Viele Menschen können sich
eine siebenstellige Nummer fünf bis zehn Sekunden lang merken, notieren sie aber gewöhnlich, wenn es sich um eine lokale,
nationale oder gar eine noch längere internationale Fernsprech-
nummer handelt.

Der begrenzende Faktor ist dabei, wie sich herausgestellt hat,
nicht etwa die Zahl der Ziffern, sondern die Zahl der *Chunks*
(der gebündelten Informationseinheiten). Ich erinnere mich an
die Vorwahl von San Francisco, 415, als einen einzigen Chunk,
doch die Zahl 415 hat keine Bedeutung für mich, daher müßte
ich sie eigentlich als drei Chunks speichern: 4, 1 und 5. *Chunking* bezeichnet den Prozeß des Verschmelzens von 4, 1 und 5
zu der Einheit 415. Eine zehnstellige Telephonnummer aus San
Francisco, wie 4153326106, enthält für mich nur acht Chunks;
unsere Angewohnheit, beim Notieren von Telephonnummern
Separatoren zu gebrauchen, die nicht eingetippt werden – wie
bei (415)332-6106 oder 415.332.6106 – ist eine wesentliche
Hilfe für das Chunking. Da wir für viele zweistellige Zahlen
Einzelworte haben – beispielsweise „neunzehn" – erleichtert es
der Pariser Stil, nach Zweiergruppen (42-60-31-25) Separatoren
zu setzen, sich achtstellige Zahlenfolgen einzuprägen.

Wieviele Chunks kann man behalten? Das ist von Mensch zu
Mensch verschieden, aber der Titel eines berühmten Artikels,
den der Psychologe George Miller 1956 veröffentlichte, gibt die
typische Spannbreite wider: »Die magische Zahl Sieben, plus
oder minus zwei«. Es ist, als sei im Verstand nur Platz für eine
begrenzte Anzahl von Posten – zumindest im Arbeitsspeicher, in

dem aktuelle Probleme bearbeitet werden. Wenn Sie an Ihre Grenzen stoßen, versuchen Sie, mehrere Posten zu einer einzigen Informationseinheit zu bündeln, um Platz zu schaffen. Akronyme, bei denen man aus vielen Worten ein einziges macht (zum Beispiel USA aus United States of America), sind ein bekanntes Beispiel für Chunking. Tatsächlich sind viele Wortschöpfungen nur Substitute für eine längere Phrase, so als jemand das Wort „Ambivalenz" erfand, um sich einen ganzen Rattenschwanz von Erklärungen zu ersparen. Ein Wörterbuch ist nichts anderes als ein Kompendium des Chunking-Verfahrens über Jahrhunderte hinweg. Die Kombination von Chunking und schnellem Sprechen, dank der in jener kurzen Spanne, die das Kurzzeitgedächtnis umfaßt, viel Bedeutung untergebracht werden konnte, war sicherlich wichtig, um soviel Information wie möglich gleichzeitig im Gedächtnis zu behalten.

Daher ist eine der ersten Lektionen, die wir über das Arbeitsgedächtnis lernen: Es gibt dort offenbar einen nicht allzu großen Notizzettel, der sich besser für ein halbes Dutzend Posten als für die doppelte Menge eignet. Die Größe dieses Notizzettels wirkt sich wahrscheinlich auf die Intelligenz aus (sicherlich bei IQ-Tests!), aber der Schlüsselfaktor für intelligentes Handeln ist kreatives divergentes Denken, nicht Gedächtnis an sich. Was wir brauchen, ist ein Prozeß, der gutes Raten erzeugt.

Sprache und Intelligenz sind so mächtige Instrumente, daß wir gewöhnlich annehmen, mehr sei gleichbedeutend mit besser. Evolutionstheoretiker betonen jedoch gern, daß die Evolution voller stabiler Zustände ist, die in einer Sackgasse stecken und einen solchen geradlinigen „Fortschritt" verhindern können; sie weisen auch gerne auf die indirekten Wege der Evolution hin, die Organe mit mehreren Funktionen fördern. Viele Organe sind tatsächlich Vielzweckorgane und verändern im Laufe der Zeit die relativen Anteile ihrer verschiedenen Funktionen. (Beispielsweise entwickelte sich aus dem Lauffuß der frühen Säuger die Greifhand der Primaten). Wenn man Analogien mit Computersoftware glauben darf, dann ist es für das Gehirn viel einfacher als für irgendein anderes Organsystem, ein Vielzweckorgan zu sein. Einige *Areale* des Gehirns sind ebenfalls multifunktionell.

Wenn wir uns also fragen, wie die neuronale Maschinerie für vorausschauendes Handeln und Sprache gestartet wurde, müssen wir berücksichtigen, daß die zugrundeliegenden Mechanismen möglicherweise mehreren Funktionen dienen, die alle der natürlichen Selektion unterliegen. Wird nun eine dieser Funktionen durch den Selektionsdruck gefördert, so profitieren die anderen Funktionen ebenfalls von diesem Trend. Gewisse Hirnareale könnten so etwas wie „Funktionsräume" sein, wie die Architekten sagen, gemeinsam genutzte Räume, wie die, in denen Photokopierer und Postfächer stehen. Der Mund beispielsweise ist solch ein gemeinsam genutzter Funktionsraum, der an Essen und Trinken, am Schmecken, an Lautäußerungen und am emotionalen Ausdruck beteiligt ist; bei einigen Tieren kommen noch Atmen, Temperaturregulation und Kämpfen dazu.

Angebotspakete (für eine Sache zahlen, etwas anderes aber „gratis" dazubekommen) sind eine bekannte Verkaufsstrategie. Welche menschlichen Fähigkeiten sind wohl „im Paket" zu haben wie das sprichwörtliche „freie erste Getränk", das an manchen Wochentagen im Eintrittspreis für die Diskothek inbegriffen ist? Könnten inbesondere Syntax oder vorausschauendes Handeln mit anderen Fähigkeiten zu einem Paket geschnürt sein, einfach deshalb, weil sie einen Funktionsraum zeitsparend gemeinsam nutzen?

Ich bin mir bewußt, daß eine Erklärung, die die Förderung gewisser Fähigkeiten als kostenlose Dreingabe ansieht, die Gefühle der calvinistischeren unter den strikten Adaptionisten verletzt – derjenigen Evolutionstheoretiker, die meinen, daß sich jedes kleine Merkmal aus eigener Kraft durchsetzen muß. Aber penibles Buchhalten ist nicht immer der Weisheit letzter Schluß. Wie bereits früher bemerkt (*wenn du eins vergrößerst, mußt du alle vergrößern*), zeigt das Säugergehirn die Tendenz, sich als Ganzes zu entwickeln. Und ein freies Getränk ist nur eine andere Art, um das auszudrücken, was der erste Adaptionist, Charles Darwin, selbst betont hat. In einer Passage über die Bedeutung der Anpassung für die evolutionäre Entwicklung weist er ausdrücklich darauf hin, daß die Umwandlung von Funktionen „so wichtig" sei.

> *Hinsichtlich der Übergangsstufen der Organe ist es so wichtig, die Wahrscheinlichkeit der Umwandlung ihrer Funktion im Auge zu behalten.*
>
> CHARLES DARWIN,
> Die Entstehung der Arten, *1859*

Mitten in einer Funktionsumwandlung – vom Lauffuß zur Greifhand – kommt es wahrscheinlich zu einer Periode, in der ein Organ mehrere Funktionen ausübt (die multifunktionelle Periode kann sogar andauern – man denke nur an den Knöchelgang der Schimpansen). In dieser Übergangzeit wird auf ein anatomisches Merkmal, das zuvor auf eine einzige Funktion hin selektioniert wurde, ein enormer Selektionsdruck ausgeübt, der auf eine neue Funktion hinzielt und weit über das hinausgeht, was diese neue Funktion bisher an Selektionsdruck erfahren hat. Die Greifhand entwickelte sich im „Schlepptau" früherer Ansätze zur Fortbewegung. Welche Gehirnfunktionen haben andere „mitgezogen"? Sagt uns das etwas über Intelligenz?

Wir haben unbestreitbar den Drang, Dinge in strukturierter Weise zu Sequenzen zu verknüpfen, die weit über die Reihun-

gen hinausgehen, die andere Tiere produzieren. Wir kombinieren nicht nur Wörter zu Sätzen, sondern auch Noten zu Melodi-
en, Schritte zu Tänzen und ausgeklügelte Geschichten zu Spielen mit Verfahrensregeln. Könnten strukturierte Sequenzen ein
Funktionsraum des Gehirns sein, der gleichzeitig zur Sprachproduktion, zum Geschichtenerzählen, für vorausplanendes
Handeln, zum Spielen und für ethisches Denken genutzt wird?
Könnte die natürliche Selektion, die auf irgendeine dieser Fähigkeiten einwirkt, die gemeinsame neuronale Maschinerie so
erweitern, daß eine verbesserte Grammatik zufällig dazu führt,
die Fähigkeiten zur Vorausplanung zu vergrößern?

Einige der Fähigkeiten, welche die von Menschenaffen über-
steigen – Musik beispielsweise –, sind verwirrend, weil man
sich nur schwer ein Szenario vorstellen kann, das musisch Be-
gabten einen Vorteil vor Menschen ohne musikalisches Gehör
verschaffen würde. Zu einem gewissen Grade sind Musik und
Tanz sicherlich sekundäre Nutzungen derselben neuronalen Maschinerie, die von strukturierten, der natürlichen Selektion stärker ausgesetzten Sequenzen, wie der Sprache, geformt wurde.

Welche anderen, über das Repertoire von Menschenaffen hin-
ausgehenden Fähigkeiten standen wahrscheinlich unter starkem
Selektionsdruck? So unwahrscheinlich, wie es sich zunächst
anhören mag, das Planen von ballistischen Bewegungen könnte
einst Sprache, Musik und Intelligenz vorangetrieben haben.
Menschenaffen verfügen über elementare Formen rascher Arm-
bewegungen, in denen wir Experten sind – hämmern, schlagen
und werfen. Man kann sich vorstellen, daß derartige Fähigkeiten bei der Jagd und bei der Werkzeugherstellung von Vorteil
waren und den Hominiden neben grundlegenden Überlebens-
strategien, wie Sammeln und Aasessen, neue Nahrungsquellen
eröffneten. Wenn derselbe Funktionsraum für „strukturierte Sequenzen" sowohl für Mundbewegungen als auch für ballistische

Handbewegungen benutzt wird, dann könnten sprachliche Verbesserungen die manuelle Geschicklichkeit steigern. Es könnte auch andersherum funktionieren: Gezieltes Werfen eröffnet die Möglichkeit, regelmäßig Fleisch zu essen, den Winter in gemäßigten Klimazonen zu überleben – und als zufälligen Bonus, als „freies Getränk", besser sprechen zu können.

Zwischen verschiedenen Handbewegungen zu wählen heißt, zunächst ein Kandidaten-Bewegungsprogramm – wahrscheinlich ein charakteristisches Impulsmuster corticaler Neuronen – und anschließend ein paar Kandidaten zu finden. Man weiß bisher nur wenig darüber, wie etwas Derartiges im menschlichen Gehirn abläuft, aber ein einfaches Modell geht von multiplen Kopien jedes Bewegungsprogramms aus, die alle um Raum im Gehirn konkurrieren. Das Programm für eine geöffnete Hand macht möglicherweise schneller Kopien (Klone) von sich als das Programm für ein V-Zeichen oder das für den Pinzettengriff.

Sich für eine Bewegung entscheiden

Drei verschiedene Kandidaten für eine Handbewegung konkurrieren um Raum im prämotorischen Cortex, indem sie ihre raumzeitlichen Muster klonen.

Nur wenn eines der Muster in genügend großer Zahl vorliegt, kann die Bewegung beginnen.

Ballistische Bewegungen (so genannt, weil es jenseits eines gewissen Punktes nicht mehr möglich ist, den Befehl zu modifizieren) erfordern im Vergleich zu anderen Bewegungen eine erstaunliche Menge Vorausplanung. Sie erfordern wahrscheinlich auch eine Menge Klone des Bewegungsprogramms.

Bei plötzlichen Gliedmaßenbewegungen, die weniger als etwa eine Achtelsekunde dauern, sind Rückkopplungskorrekturen weitgehend wirkungslos, weil die Reaktionszeiten zu lang sind. Die Nerven leiten zu langsam, und Entscheidungen werden nicht schnell genug getroffen; eine Rückmeldung könnte Ihnen vielleicht helfen, den nächsten Wurf zu planen, wenn das Ziel inzwischen nicht schon davongelaufen ist, aber er ermöglicht keine Korrekturen während der Ausführung. Für die letzte Achtelsekunde des Hämmerns, Werfens und Tretens muß das Gehirn jedes Detail der Bewegung planen und sich dann strikt an diesen Plan halten, vergleichbar einem elektrischen Klavier, in das man eine Walze einlegt, die dann automatisch abgespielt wird.

Ballistische Bewegungen müssen in der Phase des „Startklarmachens" fast vollständig vorausgeplant werden, ohne daß man auf Feedback zurückgreifen könnte. Um zu hämmern, ist es erforderlich, die exakte Aktivierungssequenz für Dutzende von Muskeln zu planen. Im Fall des Werfens kommt ein weiteres Problem hinzu: Es gibt ein Start- oder Wurffenster – eine Zeitspanne, innerhalb derer das Wurfgeschoß losgelassen werden muß, um das Ziel zu treffen. Das Loslassen erfolgt kurz nach Erreichen des Geschwindigkeitsmaximums, wenn das Wurfgeschoß die verzögernde Hand verläßt. Diese Spitzengeschwindigkeit genau zum richtigen Zeitpunkt zu erreichen, wenn der Arm den richtigen Winkel mit der Horizontale bildet, das ist der Trick.

Wenn Sie sich das Startfenster-Problem vergegenwärtigen, wird deutlich, warum Planung bei ballistischen Bewegungen so schwierig ist. Die Größe des Startfensters hängt davon ab, wie weit das Ziel entfernt ist und wie groß es ist. Lassen Sie uns annehmen, daß Sie ein kaninchengroßes Ziel in einer Entfernung von vier Metern acht von zehn Mal treffen können – das bedeutet ein Startfenster von elf Millisekunden. Dasselbe Ziel aus doppelter Entfernung mit derselben Zuverlässigkeit zu treffen heißt, innerhalb eines Startfensters loszulassen, das achtmal kleiner ist und nur 1,4 Millisekunden offensteht. Neuronen sind nicht gerade Atomuhren, wenn es um die Genauigkeit beim Timing geht; sie sind recht „zittrig", wenn sie in konstanten Intervallen Impulse erzeugen sollen, so zittrig, daß jedes Neuron Schwierigkeiten hätte, die Breitseite einer Scheune zu treffen, wenn es das Loslassen des Balles ganz allein timen müßte.

Glücklicherweise sind viele rauschende Neuronen besser als einige wenige – so lange, wie sie sich alle „um ihre eigenen Angelegenheiten" kümmern und dadurch ihre eigenen Fehler machen. Durch Kombination vieler derartiger Neuronen läßt sich ein Teil des Rauschens herausmitteln. Sie können dieses Prinzip beim Herzen „in Aktion" sehen; es macht den Herzschlag regelmäßiger. Eine Zunahme der Anzahl der Schrittmacherzellen um den Faktor vier halbiert das Herzschlagrauschen. Um das ballistische Zittern beim Loslassen um einen Faktor acht zu reduzieren, müssen Sie den Output von 64mal sovielen rauschenden Neuronen mitteln, wie Sie gebraucht haben, um den ursprünglichen Wurf zu programmieren. Wenn Sie dasselbe kaninchengroße Ziel in dreifacher Entfernung mit derselben Zuverlässigkeit von 8:10 treffen wollen, brauchen Sie eine Menge Helfer: Sie benötigen 729mal soviele Neuronen, wie die Anzahl, die ausreicht, um Ihren kurzen Standardwurf zu erzeugen. Das ist Redundanz, aber in einem anderen Sinne als bei den drei Systemen, die in jedem großen Flugzeug für das Ausfahren des Fahrgestells vorhanden sind.

Daher haben wir nun einen dritten Einblick in relevante Gehirnmechanismen für komplexe Sequenzen gefunden: Neben Strukturbäumen und Griffen für Syntax, neben diesen begrenzten Notizblatt-Speichern, die Chunking (Bündelung) fördern, sehen wir, daß komplexe Aktivierungssequenzen, wie bei ballistischen Bewegungen, vermutlich Hirnareale mit anderen komplexen Sequenzen teilen – und daß einige Aktivierungssequenzen, bei denen es auf präzises Timing ankommt, Redundanzniveaus in der Größenordnung von Hunderten oder Tausenden brauchen.

Viel Raum für Planung wird auch benötigt, wenn ein Wurf ein Ziel in einer nichtstandardisierten Entfernung treffen soll – eine Entfernung, für die Sie keinen gespeicherten Bewegungsplan (wie beispielsweise für das Werfen von Dartpfeilen oder für Basketballfreiwürfe) haben. Bei nichtstandardisierten Würfen müssen Sie eine Palette von Varianten zwischen zwei Standardprogrammen schaffen und diejenige Variante herauspicken, mit deren Hilfe Sie Ihr Ziel am ehesten treffen. Improvisation benötigt Platz. Wenn sich alle anderen Varianten anpaßten, sobald Sie die „beste" Variante ausgewählt haben, dann erhielten Sie die nötige Redundanz, um innerhalb des Startfensters zu bleiben. Stellen Sie sich einen Saal voller Solisten vor, die alle eine etwas andere Melodie singen und dann zu der einen übergehen,

Das Gesetz der großen Zahl
(das Halleluja-Chor-Prinzip)

Um das Rauschen beim Timing
auf die Hälfte zu reduzieren,
sind viermal soviele Uhren
erforderlich

die sie im Chor singen können. Und die anschließend, um wirklich präzise den Ton zu treffen, eine Menge Helfer rekrutieren, genau wie die Sänger im *Hallelujah-Chor* die Zuhörer zum Mitsingen animieren.

Ein Funktionsraum für strukturierte Sequenzen könnte eine Menge Probleme lösen. Gibt es so etwas tatsächlich? Wenn das der Fall ist, dann müßte man gelegentlich synergistische Effekte oder aber Konflikte zwischen ähnlichen Bewegungen beobachten können.

Charles Darwin war einer der ersten, der in seinem 1872 erschienenen Buch über Emotionen synergistische Hand-Mund-Bewegungen vermutete: »So kann man manchmal beobachten, wie Personen, die etwas mit einer Schere zerschneiden, ihre Kiefer simultan mit den Scherenblättern bewegen. Kinder, die gerade Schreiben lernen, verdrehen oft ihre Zunge auf lächerliche Weise, während sich ihre Finger bewegen.«

Über welche Art von Sequenzen reden wir überhaupt? Rhythmische Bewegungen an sich findet man überall: beim Kauen, Atmen, Laufen und so weiter. Sie lassen sich mit einfachen Schaltkreisen auf der Ebene des Rückenmarks verwirklichen. Wie das simple Lernschema nach dem Motto „Ein Ding folgt auf ein anderes" ist an Rhythmen und anderen Sequenzen nichts typisch Cerebrales. Aber bei *neuen* Sequenzen, da liegt der Hase im Pfeffer! Wenn es einen gemeinsamen Sequenzgenerator für komplexere neue Bewegungen gibt, wo im Gehirn ist er zu finden?

Eine Sequenzierung erfordert *per se* keine Großhirnrinde. Ein Großteil der Bewegungskoordination im Gehirn läuft auf subcorticaler Ebene ab, an Orten wie den Basalganglien und dem Kleinhirn. Aber neue Bewegungsfolgen werden gewöhnlich vom prämotorischen und präfrontalen Cortex, in den hinteren zwei Dritteln der Frontallappen, generiert.

Es gibt noch andere Regionen im Großhirn, die häufig an sequentiellen Aktivitäten beteiligt sind. Die dorsolateralen Anteile des Frontallappens (dorso- = oben, lateral = seitlich; wenn Ihnen ein Paar Hörner aus der Stirn wüchsen, würden diese Areale direkt darunter liegen) spielen bei Aufgaben mit Antwortverzögerung eine entscheidende Rolle. Zeigen Sie einem niederen Affen etwas Eßbares und erlauben Sie ihm zuzusehen, wo Sie es verstecken – zwingen Sie ihn aber dann, 20 Minuten zu warten, bevor er danach suchen kann. Affen mit einer Schädigung des dorsolateralen Frontallappens gelingt es nicht, diese Information lange genug zu speichern. Möglicherweise handelt es sich dabei nicht um ein Versagen des Gedächtnisses, sondern um das Problem, eine dauerhafte Absicht oder eine „Agenda" zu formulieren.

Der bedeutende russische Neurologe Alexander Luria beschrieb den Fall eines Patienten, der im Bett lag, die Arme unter der Bettdecke. Luria forderte ihn auf, seinen Arm zu heben. Er konnte dieser Aufforderung offenbar nicht folgen. Doch als Luria ihn aufforderte, seinen Arm unter der Bettdecke hervorzuziehen, so gehorchte er. Als Luria den Patienten anschließend aufforderte, seinen Arm auf- und niederzubewegen, gelang ihm dies ebenfalls. Sein Schwierigkeit lag offenbar im Planen der Bewegungsfolge – er blieb in der Situation stecken, in der er versuchte, mit dem Hindernis der ihn fesselnden Bettdecke fertigzuwerden. Patienten mit linksseitiger präfrontaler Schädigung haben Schwierigkeiten, eine geeignete Sequenz von Handlungen abzuwickeln – oder vielleicht primär, sie zu planen. Patienten, deren linker prämotorischer Cortex geschädigt ist, fällt es schwer, Bewegungsteile zu einer fließenden Bewegung zu verknüpfen – zu dem, was Luria eine „kinetische Melodie" nannte.

Tumore oder Schlaganfälle in der Tiefe des Frontallappens, direkt über den Augen, ziehen ebenfalls Handlungssequenzen in

Mitleidenschaft, wie beispielsweise Einkaufengehen. Ein berühmter Patient, ein Buchhalter, besaß einen hohen IQ und schnitt bei einer ganzen Reihe neurophysiologischer Tests ziemlich gut ab. Dennoch fiel es ihm sehr schwer, sein Leben zu ordnen: Er wurde aus einigen Jobs gefeuert, ging bankrott und wurde innerhalb von zwei Jahren nach zwei impulsiven Eheschließungen zweimal geschieden. Dieser Mann war oft nicht in der Lage, einfache, rasche Entscheidungen zu treffen – zum Beispiel, welche Zahnpasta er kaufen oder was er anziehen sollte. Er verfing sich in endlosen Vergleichen der Vorzüge und Nachteile und traf schließlich häufig gar keine oder eine rein zufällige Entscheidung. Wenn er zum Essen ausgehen wollte, wog er den Sitzplan, das Menü, die Atmosphäre und das Management eines jeden nur möglichen Restaurants ab. Es kam vor, daß er an verschiedenen Restaurants vorbeifuhr, um zu sehen, wieviel Betrieb dort herrschte, sich aber selbst dann nicht für eines von ihnen entscheiden konnte.

Es gibt zwei wichtige Beweisführungen, die vermuten lassen, daß das laterale Sprachareal über dem linken Ohr auch eine Menge mit nichtsprachlicher Sequenzierung zu tun hat. Die kanadische Neuropsychologin Doreen Kimura und ihre Mitarbeiter konnten zeigen, daß Patienten, die nach einem linksseitigen Schlaganfall unter Sprachstörungen (Aphasie) litten, auch beträchtliche Schwierigkeiten hatten, neue Hand- und Armbewegungsfolgen auszuführen, einen Zustand, den man als Apraxie bezeichnet. (Ein komplexe, wenn auch nicht neue Sequenz wäre, Ihren Schlüsselbund aus der Tasche zu nehmen, den richtigen Schlüssel herauszusuchen, ihn ins Schloß zu stecken, umzudrehen und dann die Tür aufzustoßen.)

Der in Seattle lebende Neurochirurg George Ojemann und seine Mitarbeiter konnten weiterhin durch elektrische Stimulation des Gehirns bei Epilepsieoperationen zeigen, daß ein großer Teil des auf Sprache spezialisierten Gebiets am Hören von Lautfolgen beteiligt ist. Zu diesen Arealen zählen jener Teil des Frontallappens, der sich an das Broca-Areal anschließt, der obere Teil des Temporallappens auf beiden Seiten des primären auditorischen Cortex und ein Teil des Parietallappens hinter der Region, auf der die Körperoberfläche sensorisch „kartiert" ist. (Mit anderen Worten, diese Areale liegen zu beiden Seiten der Sylvischen Furche oder Sulcus lateralis.) Die große Überraschung war, daß genau dieselben Areale offenbar stark an der Erzeugung von orofacialen (Mund und Gesicht betreffenden) Bewegungssequenzen beteiligt sind – selbst an nichtsprachlichen, wie dem Nachahmen von Gesichtsausdrücken.

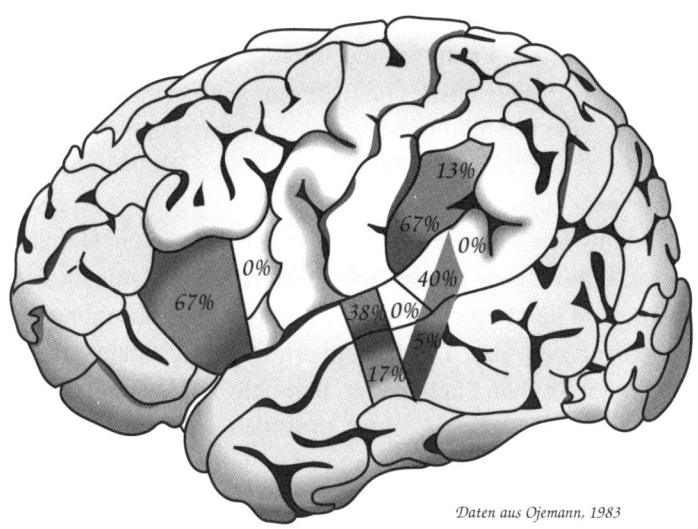

Daten aus Ojemann, 1983

Willkürliche Mund- beziehungsweise Gesichtsbewegungen werden durch elektrische Stimulation derselben beiden Zonen behindert, deren Stimulation auch die Unterscheidung von Phonemen stört.

Die Gefahr beim Benennen von Arealen im Gehirn besteht darin, daß wir von einem „Sprachcortex" erwarten, sich ausschließlich Sprachfunktionen zu widmen. Aber Daten wie die von Ojemann zeigen, daß auf Sprache spezialisierte Areale im Kern weitaus weniger stark spezialisiert sind als angenommen und sich mit neuen Sequenzen verschiedenster Art beschäftigen: Sequenzen, die Hand wie Mund, Wahrnehmung wie Bewegung, Nachahmen wie Geschichtenerzählen betreffen können.

Es gibt nicht nur viele Tierarten, deren Vertreter abstrakte Symbole und eine einfache Sprache lernen, sondern auch einige, die eindeutig Kategorien lernen können. Tatsächlich verallgemeinern Tiere häufig zu stark, so wie Kleinkinder, die in einer bestimmten Phase alle erwachsenen Männer „Papa" nennen. Beziehungen wie *ist ein* oder *ist größer als* lassen sich erlernen. Eine Banane ist eine Frucht, eine Banane ist größer als eine Nuß.

Näher an das Wesen der Intelligenz führen Analogien, Metaphern, Gleichnisse, Parabeln und mentale Modelle heran. Sie erfordern das *Vergleichen* von Beziehungen, wenn wir beispielsweise eine unvollkommene Analogie zwischen *ist größer als* und *ist schneller als* herstellen, indem wir annehmen, daß *schneller größer* ist.

Wir Menschen können mental in einer vertrauten Domäne operieren (zum Beispiel, ein Dokument in einem Ordner ablegen oder es in den Papierkorb werfen) und diese Beziehung auf eine weniger vertraute Domäne übertragen (Computerdateien sichern oder löschen, indem wir Symbole auf einem Schirm bewegen). Wir können in einer mentalen Domäne ein Bild schaffen und es in einer anderen interpretieren. Derartige „Bilder" im Sinne von Übertragungen stoßen alle irgendwo an ihre Grenzen – und, um es mit Robert Frosts Worten zu sagen: Wir müssen wissen, wie weit uns eine Metapher trägt und wann sie uns im Stich läßt.

Betrachten Sie die Übertragung von einer Domäne in eine andere, die Umberto Eco hier geschaffen hat:

»Tatsache ist, daß die Welt aufgeteilt ist zwischen Benutzern des Macintosh-Computers und Benutzern von MS-DOS-kompatiblen Computern. Ich bin fest davon überzeugt, daß der Macintosh katholisch und DOS protestantisch ist. Genau genommen ist der Macintosh sogar gegenreformatorisch und von der „ratio studiorum" der Jesuiten beeinflußt. Er ist heiter, freundlich, konziliant, er sagt den Gläubigen, wie sie Schritt für Schritt vorgehen müssen, um – wenn schon nicht das Himmelreich – den Moment zu erreichen, in dem ihr Dokument ausgedruckt wird. Er ist katechetisch: Das Wesen der Offenbarung wird mit einfachen Formeln und prächtigen Symbolen abgehandelt. Jeder hat ein Recht auf Erlösung.

DOS ist protestantisch oder sogar calvinistisch. Es erlaubt eine freie Interpretation der Heiligen Schrift, verlangt schwierige persönliche Entscheidungen, erlegt dem Benutzer eine subtile Hermeneutik auf und sieht es als gegeben an, daß nicht alle erlöst werden können. Damit das System funktioniert, muß man das Programm selbst interpretieren: Weit von der barocken Gemeinschaft der Feiernden entfernt, ist der Benutzer gefangen in der Einsamkeit seiner inneren Qual.

Sie mögen einwenden, daß das DOS-Universum mit dem Übergang zu Windows stärker der gegenreformatorischen Toleranz des Macintosh ähnelt. Das ist richtig: Windows stellt ein Schisma anglikanischer Art dar, große Zeremonien in der Kathedrale, doch da ist immer die Möglichkeit, zu DOS zurückzukehren, um die Dinge in

Übereinstimmung mit bizarren Entscheidungen zu verändern ...

Und der Maschinencode, der beiden Systemen (oder Umwelten, wenn Sie es vorziehen) zugrunde liegt? Ah, das hat mit dem Alten Testament, mit Talmud und Kabala zu tun.«

Die meisten derartigen Übertragungen sind einfacher, beispielsweise, wenn Objekte mit einer Folge von Phonemen assoziiert werden (wie beim Benennen). Schimpansen können mit einigen Mühen simple Analogien in der Art „A verhält sich zu B wie C zu D" erlernen. Wenn es einem Schimpanse gelänge, solche mentalen Manipulationen auf Ereignisse in seinem Alltagsleben statt nur in Testsituationen anzuwenden, wäre er ein tüchtigerer Menschenaffe. Menschen treiben derartige Übertragungen offenbar in immer höhere Abstraktionsebenen.

Natürlich ist es ziemlich riskant, Versuchskombinationen und damit Verhaltensweisen auszuprobieren, die es noch nie zuvor gegeben hat. Größer heißt nicht immer schneller. Selbst einfache Umkehrungen können zu gefährlichen Neuerungen führen, wie in „Guck, *nachdem* du springst". Im Jahre 1943 meinte der britische Psychologe Kenneth Craik in seinem Buch *The Nature of Explanation* („Das Wesen des Erklärens"):

»Das Nervensystem ist ... eine Rechenmaschine, die fähig ist, externe Ereignisse zu modellieren oder zu parallelisieren ... Wenn der Organismus ein „maßstäblich verkleinertes Modell" der externen Realität und seiner eigenen möglichen Handlungen im Kopf trägt, kann er verschiedene Alternativen ausprobieren, schließen, welches die beste ist, auf zukünftige Situationen reagieren, bevor sie auftreten, das Wissen vergangener Ereignisse nutzen, um mit zukünftigen fertigzuwerden, und in jeder Hinsicht viel umfassender, sicherer und kompetenter auf unerwartete Ereignisse reagieren, denen er sich gegenübersieht.«

Menschen können zukünftige Handlungsabläufe simulieren und den Unsinn im Kopf, *off-line*, ausmerzen; »das erlaubt unseren Hypothesen, an unserer Stelle zu sterben«, wie es der Philosoph Karl Popper formulierte. Kreativität – tatsächlich der Gipfel von Intelligenz und Bewußtsein – heißt, mentale Spiele zu spielen, die Qualität schaffen.

Welche Art mentaler Maschine wäre nötig, um etwas in der Art zu realisieren, wie Craik es vorschlägt?

Der amerikanische Psychologe William James dachte schon in den siebziger Jahren des vorigen Jahrhunderts über mentale Vorgänge nach, die in darwinistischer Manier arbeiten, kaum ein Jahrzehnt, nachdem Charles Darwin sein Werk *Die Entstehung der Arten* veröffentlicht hatte. Die Vorstellung von Versuch und Irrtum wurde bereits 1855 von dem schottischen Psychologen Alexander Bain entwickelt, aber James wandte den evolutionären Prozeß auf das Denken an.

Darwinistische Prozesse haben im Verlauf von zwei Millionen Jahren ein besseres Gehirn modelliert, ohne dazu die lenkende Hand eines Meistertöpfers zu benötigen. Und ein weiterer darwinistischer Prozeß im Gehirn könnte zu einer intelligenteren Lösung für ein Problem führen, das sich im Zeitrahmen von Millisekunden bis Minuten zwischen Gedanke und Aktion bewegt. Die Immunreaktion des Körpers ist offenbar ebenfalls ein darwinistischer Prozeß, wobei diejenigen Antikörper, die sich immer besser an das eindringende Molekül anpassen, in einer Reihe von Generationen ausgebildet werden, die lediglich einen Zeitraum von einigen Wochen umfaßt.

Darwinistische Prozesse starten gewöhnlich von der biologischen Basis aus: Fortpflanzung. Überall werden Kopien gemacht. Eine Theorie zur Entscheidungsfindung besagt, daß mehrere Bewegungspläne ausgebildet werden – die Hand öffnen, ein V-Zeichen oder einen Pinzettengriff machen – und diese alternativen Bewegungspläne solange miteinander um die Fortpflanzung konkurrieren, bis einer „gewinnt". Nach dieser Theorie bedarf es einer kritischen Masse von Befehlsklonen, bevor irgendeine Handlung eingeleitet wird.

Der Darwinismus erfordert jedoch weit mehr als nur Fortpflanzung und Wettbewerb. Wenn ich die wesentlichen Merkmale eines darwinistischen Prozesses aus dem abstrahiere, was wir über Artenevolution und Immunreaktion wissen, dann muß eine Darwin-Maschine offenbar sechs Kriterien gleichzeitig aufweisen, damit der Prozeß weiterläuft:

- *Er bedarf eines Musters.* Klassischerweise ist dies die DNA-Sequenz, die man „Gen" nennt. Wie Richard Dawkins in seinem Buch *Das egoistische Gen* betont, könnte dies aber auch ein kulturelles Muster sein, beispielsweise eine Melodie, und er prägte für solche Muster den Begriff *Meme.* Muster in diesem Sinne könnten auch die Muster der Gehirnaktivität sein, die mit der Bildung eines Gedankens einhergehen.
- Von diesem Muster *müssen auf irgendeinem Weg Kopien hergestellt werden.* Zellen teilen sich. Menschen summen oder pfeifen eine Melodie, die sie irgendwo aufgeschnappt haben. Tatsächlich ist das Einheitsmuster (Mem) definiert durch das, was „semizuverlässig" kopiert wird – beispielsweise wird die DNA-Sequenz der Gene in der Meiose „semizuverlässig" (semikonservativ) kopiert, wohingegen ganze Chromosomen oder Organismen gar nicht zuverlässig kopiert werden.

- *Muster verändern sich gelegentlich.* Punktmutationen infolge kosmischer Strahlung sind vielleicht die bekanntesten Veränderungen, aber viel häufiger sind Kopierfehler und das Neumischen der Karten (wie in der Meiose).
- Es kommt zu *Kopierwettbewerben* um das Besetzen eines begrenzten Umweltraumes. Beispielsweise konkurrieren verschiedene Mustervarianten aus der Gräserfamilie um den verfügbaren Raum in meinem Hinterhof.
- Der *relative Erfolg* der Varianten wird von einer *vielgestaltigen Umwelt* beeinflußt. Bei Gras sind die operativen Faktoren Nährstoffe, Wasser, Sonnenlicht, wie oft das Gras gemäht wird und so weiter. Wir reden manchmal von Umweltselektion, von selektiver Fortpflanzung oder von selektivem Überleben. Charles Darwin bezeichnete diese Bevorzugung einer bestimmten Variante als *natürliche Selektion* oder *natürliche Zuchtwahl.*
- Die nächste Generation besteht aus den *Varianten, die bis ins fortpflanzungsfähige Alter überleben* und sich erfolgreich paaren. Infolge der hohen Mortalität unter Jugendstadien spielen Umweltfaktoren für Jungtiere eine viel wichtigere Rolle als für Erwachsene. Das heißt, daß die überlebenden Varianten ihre eigenen Gene in ein Rennen schicken, bei dem das Feld anders zusammengesetzt ist als bei ihrer Zeugung. Der Ausgangspunkt für die Variation hat sich verschoben. In der nächsten Generation wiederholt sich das Spiel mit den nun erfolgreichen Vertretern. Viele der neuen Varianten werden sicherlich schlechter an die Umweltfaktoren angepaßt sein als der Durchschnitt der Elterngeneration, doch vielleicht sind einige darunter, die sogar noch besser angepaßt sind.

Aus all dem erwächst diese überraschende darwinistische Drift in Richtung auf Muster, die wie für ihre Umwelt entworfen zu sein scheinen.

Sex (was nichts anderes ist als das Mischen von Genen, wobei man zwei Päckchen Karten benutzt) ist für den darwinistischen Prozeß nicht essentiell, und auch Klimaveränderungen sind es nicht – aber sie verleihen ihm Pep und Drive, ob er nun in Millisekunden oder in Jahrtausenden abläuft. Ein dritter Faktor, der den darwinistischen Prozeß beschleunigt, ist die Fragmentierung (Populationsaufspaltung) und die darauf folgende Isolation: Der darwinistische Prozeß arbeitet auf Inseln schneller als auf Kontinenten. Für einige komplexe darwinistische Prozesse, die eine hohe Geschwindigkeit verlangen (wie es sicherlich für den Zeitrahmen von Gedanke und Ausführung gilt) sind Fragmentierung und Isolation daher wahrscheinlich unverzichtbar. Als Bremsfaktor wirkt eine Nische der Stabilität, aus der man nur mit beträchtlicher Anstrengung entkommen kann: Die meisten stabilen Arten sind in solchen stabilisierenden Nischen gefangen.

Die Leute verwechseln ständig bestimmte Teile, etwa die „natürliche Selektion", mit dem darwinistischen Ganzen. Aber ein Teil allein reicht niemals aus. Ohne alle sechs Kriterien fährt sich der Prozeß rasch fest und kommt zum Stillstand.

Die meisten Menschen verbinden darwinistische Prozesse zudem ausschließlich mit Biologie. Aber selektives Überleben läßt sich beispielsweise auch beobachten, wenn fließendes Wasser den Sand mit sich fortträgt und die Kieselsteine zurückläßt. Weil Wissenschaftler einen Teil („Darwinismus ist selektives Überleben") irrtümlich für den ganzen Prozeß gehalten haben, hat es sie ein Jahrhundert gekostet zu erkennen, daß vielleicht auch Gedankenmuster wiederholt kopiert werden müssen – und daß die Kopien dieser Gedankenmuster während einer Reihe mentaler „Klimaveränderungen" auf „Inseln" mit Kopien alternativer Gedankenmuster konkurrieren müssen, um rasch eine intelligente Vermutung zu entwickeln.

Bei unserer Suche nach geeigneten Gehirnmechanismen für intelligentes Raten sind wir nun auf folgende Punkte gestoßen: 1. die verschachtelten Syntaxboxen, die Wortfolgen zugrunde liegen, 2. die Argumentstruktur mit all ihren Anhaltspunkten für mögliche Rollen, 3. die Wörter, die relative Positionen angeben, wie *nahe, in, über*, 4. die begrenzte Größe des Speichers im Arbeitsgedächtnis und die sich daraus ergebenden Tendenzen zum Chunking sowie 5. die Funktionsräume für komplexe Sequenzen mit einem großen Bedarf an Extrakopien der neuronalen Muster, die dazu dienen, ballistische Bewegungen zu erzeugen. Unser sechster Punkt, der sich aus darwinistischen Prozessen ableitet, umfaßt anscheinend ein ganzes Bündel von Merkmalen: unterschiedliche Muster schaffen, sie kopieren, Varianten via Fehler etablieren (wobei die meisten Varianten von den erfolgreichsten Vertretern einer Art stammen), in Wettbewerb treten, und Kopierwettbewerbe, die durch eine facettenreiche Umwelt beeinflußt werden. Außerdem sieht es so aus, als sei die facettenreiche Umwelt teils erinnert, teils gegenwärtig.

Glücklicherweise gibt es eine gewisse Überschneidung zwischen darwinistischen Überlegungen und denjenigen, die sich aus ballistischen Bewegungen ableiten lassen: Darwinistische Arbeitsräume könnten die ballistischen Arbeitsspeicher nutzen, und darwinistisches Kopieren könnte die Klone erzeugen helfen, die das Rauschen der Bewegungskommandos reduzieren. Was könnte noch korrespondieren? Insbesondere, wie sehen die Muster aus, die wir innerhalb der Zeitspanne, die zwischen Gedanke und Ausführung vergeht, klonen müssen?

Gedanken sind Kombinationen von Sinneswahrnehmungen und Erinnerungen – oder, anders gesagt, Gedanken sind Bewegungen, die noch nicht stattgefunden haben (und vielleicht auch niemals stattfinden werden). Sie sind flüchtig und meist kurzlebig. Was sagt uns das?

Über Salven von Nervenimpulsen erzeugt das Gehirn Bewegungen, die zu den Muskeln in den Gliedmaßen oder im Kehlkopf gesandt werden. Jeder Muskel wird zu einem etwas anderen Zeitpunkt aktiviert, und oft nur kurz; die ganze Sequenz wird zeitlich so sorgfältig geplant wie das Finale eines Feuerwerks. Ein Bewegungsplan ist wie ein Notenblatt oder die Walze eines elektrischen Klaviers. Im letzteren Falle deckt der Plan 88 Ausgangskanäle (Tasten) und die Zeitpunkte ab, an denen jede Taste angeschlagen wird. Tatsächlich sind an ballistischen Bewegungen fast so viele Muskeln beteiligt, wie das Klavier Tasten hat. Daher ist eine Bewegung ein raumzeitliches Muster, nicht unähnlich einem musikalischen Refrain. Sie kann sich ständig wiederholen wie beim Gehen oder Laufen, kann aber auch eher wie ein kurzes Arpeggio sein, das von einem anderen temporalen Muster ausgelöst wird.

Einige raumzeitliche Muster im Gehirn verdienen wohl die Bezeichnung *cerebraler Code*. Obgleich einzelne Neuronen auf einige Merkmale eines Eingangssignals empfindlicher reagieren als andere, stellt kein Neuron allein das Gesicht Ihrer Großmutter* dar. Genauso, wie Ihr Farbempfinden von der *relativen* Aktivität dreier verschiedener Zapfentypen in der Netzhaut abhängt und sich ein Geschmack durch die *relative* Aktivität von vier Typen von Zungenrezeptoren darstellten läßt, ist an jeder einzelnen Erinnerung vermutlich ein ganzes Komitee von Neuronen beteiligt. Wie eine einzelne Taste auf dem Klavier spielt ein einzelnes Neuron wahrscheinlich in verschiedenen Melodi-

---

* Anspielung auf den „Irrtum von der Großmutterzelle", nach dem für jedes Schema eine spezialisierte Zelle erwartet wird (Anm. d. Ü.).

en verschiedene Rollen (meistens besteht seine Rolle natürlich darin, stumm zu sein – wie eine Klaviertaste).

Das raumzeitliche Aktivitätsmuster im Gehirn, das ein Objekt, eine Handlung oder eine Abstraktion, wie eine Idee, repräsentiert, ist vermutlich ein solcher cerebraler Code – vergleichbar den Strichcodes auf Produktverpackungen, die dazu dienen, die Ware zu repräsentieren, ohne ihr zu ähneln. Wenn wir eine Banane sehen, werden durch den Anblick zahlreiche Neuronen aktiviert; einige der Neuronen sind auf die Farbe Gelb spezialisiert, andere auf die kurzen geraden Linien, die tangential zur Krümmung der Banane verlaufen. Nach der Zellverband-Hypothese (*cell assembly hypothesis*)*, die 1949 von dem kanadischen Psychologen Donald O. Hebb aufgestellt wurde, heißt eine Erinnerung wachrufen nichts anderes, als ein solches Aktivitätsmuster zu rekonstruieren.

Darstellung des Zellverbandes als Tonfolge

Ein Neuronenzellverband kann auf Notenlinien dargestellt werden; so lassen sich raumzeitliche Muster als Melodien wiedergeben

simultan auftretende Spikes sind Akkorde

---

* Heute spricht man in diesem Zusammenhang meist von neuronalen Netzen (Anm. d. Ü.).

Daher ist das Bananenkomitee wie eine Melodie, wenn wir uns die beteiligten Neuronen auf Notenlinien aufgereiht vorstellen. Einige Neurophysiologen nehmen an, daß die beteiligten Neuronen alle synchron feuern müssen, wie bei einem Akkord, doch ich denke, daß ein cerebraler Code mehr wie eine kurze Melodie ist, die aus Akkorden und einzelnen Noten besteht; wir Neurophysiologen finden es nur einfacher, Akkorde zu interpretieren als verstreute einzelne Noten. Was wir wirklich brauchen, sind die Familien seltsamer Attraktoren, die mit Worten assoziiert sind, aber das ist ein anderes Buch! (*The Cerebral Code*)

Musik ist der Weg, auf dem wir uns über die Funktion unseres Gehirns klar werden können. Wir hören gebannt Bach, weil wir einen menschlichen Geist hören.

LEWIS THOMAS,
Die Meduse und die Schnecke, *1981*

Wir wissen, daß Langzeiterinnerungen keine raum*zeitlichen* Muster sein können. Sie überstehen selbst massive Zusammenbrüche der elektrischen Aktivität im Gehirn, wie sie bei Schlaganfällen oder im Koma auftreten. Aber wir kennen heute viele Beispiele dafür, wie man ein räumliches in ein raumzeitliches Muster umwandeln kann: musikalische Notationen, elektrische Klaviere, Schallplatten – sogar Bodenwellen, die nur darauf warten, daß ein Auto vorbeifährt und ein raumzeitliches Holpermuster erzeugt.

Das ist es, was Donald Hebb ein zweispuriges Gedächtnis nannte: eine kurzlebige aktive Version (raumzeitlich) und eine langfristige, allein räumliche Version, ähnlich einem Notenblatt oder den Rillen einer Schallplatte.

Einige dieser „cerebralen Geleise" sind so dauerhaft wie die Rillen in einer Schallplatte. Die Bodenwellen und Spurrillen

entsprechen im wesentlichen den Verbindungsstärken der verschiedenen Synapsen, die die Großhirnrinde dazu prädisponieren, ein Repertoire raumzeitlicher Muster zu erzeugen, ähnlich
wie die Verbindungsstärken der Synapsen im Rückenmark das
Rückenmark dazu prädisponieren, raumzeitliche Muster zu erzeugen, die wir als Gehen, Traben, Galoppieren, Rennen und so
weiter kennen. Aber Kurzzeit-Erinnerungen können entweder
aktive raumzeitliche Muster (wahrscheinlich das, was in der
psychologischen Literatur als „Arbeitsgedächtnis" bezeichnet
wird) oder kurzlebige, rein räumliche Muster sein – Spuren von
zeitlich begrenzter Dauer, die die permanenten Spurrillen in
gewissem Sinne überschreiben, aber keinen nachhaltigen Eindruck hinterlassen (sie verschwinden innerhalb weniger Minuten wieder). Sie sind einfach Ausdruck der geänderten synaptischen Verbindungsstärken (das, was man in der neurophysiolo-
gischen Literatur als „Bahnung" oder „Langzeitpotenzierung"
bezeichnet), diese Bodenwellen, die von ein oder zwei Wiederholungen des charakteristischen raumzeitlichen Musters hinterlassen werden.

Die wirklich dauerhaften Bodenwellen und Spurrillen sind
exklusive Merkmale eines jeden Individuums; das gilt selbst für
eineiige Zwillinge, wie der amerikanische Psychologe Israel
Rosenfield erklärt:

»Die Historiker schreiben die Geschichte dauernd um,
indem sie Aufzeichnungen aus der Vergangenheit neu interpretieren (d.h. neu organisieren). Und wenn die ein-
heitlichen Reaktionen (Kategorisierungen) des Gehirns
Teil der Erinnerung werden, dann werden sie ebenfalls als
Teil der Bewußtseinsstruktur neu organisiert. Zu Erinnerungen werden sie, weil sie einen Teil dieser Struktur und
damit auch einen Teil des Ichgefühls ausmachen; mein

Ichgefühl stammt aus der Gewißheit, daß meine Erlebnisse sich auf *mich* beziehen, auf die Person, die sie hatte. Deshalb ist das Gefühl für die Vergangenheit, für Geschichte und Erinnerung ein Teil der Erschaffung des Ich.«

Im Gehirn müssen Inhalte über weite Distanzen hinweg kopiert werden. Wie ein Faxgerät muß das Gehirn ein Muster aufnehmen und an anderer Stelle, vielleicht auf der anderen Seite des Gehirns, eine Kopie davon machen. Da das Muster nicht wie ein Brief physisch transportiert werden kann, muß die Sehrinde wahrscheinlich auf Telekopieren zurückgreifen, wenn sie dem Sprachareal mitteilen will, daß ein Apfel gesehen wurde. Die Notwendigkeit, Kopien herzustellen, deutet darauf hin, daß das Muster, dieses aktive raum*zeitliche* Muster, das wir suchen, das Arbeitsgedächtnis ist, denn man kann sich nur schwer vorstellen, wie sich „Spuren" sonst in einer gewissen Entfernung kopieren würden.

Ein darwinistisches Modell des Geistes und meine Analyse der Aktivität des Werfens deuten darauf hin, daß lokal, vor Ort, viele Klone benötigt werden, nicht nur einige wenige in entfernten Hirnregionen. Zudem muß eine aktivierte Erinnerung in einem darwinistischen Prozeß mit anderen raumzeitlichen Mustern um das Besetzen eines Arbeitsraumes konkurrieren. Und die andere Frage, die wir beantworten müssen, lautet: Was entscheidet, wann eine dieser „Melodien" besser ist als eine andere?

Angenommen, ein raumzeitliches Muster, das in einem kleinen Gehirnareal mit Hilfe einiger geeigneter „Spurrillen" erzeugt wird, schafft es, dieselbe Melodie in einem anderen corticalen Areal zu erzeugen, dem solche Spurrillen fehlen. Dank des aktiven Kopierprozesses in der Nähe kann das Muster dort dennoch realisiert werden, selbst dann, wenn es ohne die antreibenden Muster nicht aufrechterhalten bliebe. Wenn ein benachbartes Areal Bodenwellen und Spurrillen aufweist, die „nahe genug" liegen, findet die Melodie möglicherweise besser Anklang und verklingt weniger rasch als eine andere aufoktroyierte Melodie. Mit einer passiven Erinnerung in Resonanz zu geraten, könnte daher der Aspekt der facettenreiche Umwelt sein, der die Waagschale bei einen Wettbewerb auf eine Seite neigt.

Auf diese Weise beeinflussen die permanenten Bodenwellen und Spurrillen den Wettbewerb. Doch das gleiche gilt für verblassende Spuren, die einige Minuten zuvor von raumzeitlichen Aktivitätsmustern in demselben Cortexareal erzeugt wurden. Das gleiche gilt auch für die aktiven Eingangssignale, die von anderer Stelle in diese Region einlaufen – Signale, die (wie die meisten synaptischen Inputs) in sich selbst zu schwach sind, um eine Melodie zu induzieren oder Spurrillen zu schaffen. Wahrscheinlich spielt dabei der Pegel der wichtigsten vier Neurotransmitter (Serotonin, Noradrenalin, Dopamin und Acetylcholin), die, diffus verteilt, als Neuromodulatoren wirken, eine entscheidende Rolle. Andere emotionale Zustände werden sicherlich von den neocorticalen Projektionen subcorticaler Hirnareale, wie der Amygdala, beeinflußt. Eingangssignale vom Thalamus und vom Gyrus cinguli führen möglicherweise dazu, daß sich Ihre Aufmerksamkeit von externen auf interne Umwelten verlagert und sich die Waagschale zu einer anderen Seite neigt. Daher verändern momentane Umgebung, Erinnerungen an die nahe Vergangenheit und an lange vergangene Situationen, emotionaler Zustand und Aufmerksamkeit allesamt die Resonanzwahrscheinlichkeiten im Cortex. All diese Faktoren beeinflussen den Wettbewerb, der einen Gedanken ausformt – ohne selbst Klone auszubilden, die um corticale Territorien konkurrieren.

Das Bild, das sich aus solchen theoretischen Betrachtungen herauskristallisiert, gleicht einem Flickenteppich, bei dem sich einige Flicken auf Kosten ihrer Nachbarn vergrößern, wenn sich ein Code erfolgreicher kopiert als ein anderer. Während Sie zu entscheiden versuchen, ob Sie lieber einen Apfel oder eine Banane aus der Obstschale nehmen wollen, ficht der cerebrale Code für Apfel nach meiner Theorie gerade einen Klonierungs-Wettbewerb mit demjenigen für Banane aus. Wenn ein Code genug aktive Kopien hergestellt hat, um die entsprechenden Handlungsschaltkreise zu aktivieren, dann greifen Sie vielleicht nach dem Apfel.

Aber die Bananen-Codes müssen keineswegs verschwinden; sie können im Hintergrund als unterbewußte Gedanken herumlungern und Veränderungen durchlaufen. Wenn Sie sich erfolglos bemühen, sich an einen Namen zu erinnern, fährt der Kandidatencode vielleicht die nächste halbe Stunde damit fort, sich zu kopieren, bis Ihnen ganz plötzlich der Name „Jane Smith" durch den Kopf schießt – Ihre Variationen des raumzeitlichen Themas haben schließlich eine Resonanz gefunden, die ausreicht, um eine kritische Masse identischer Kopien zu erzeugen. Unsere bewußten Gedanken sind vielleicht nur das gerade dominierende Muster im Kopierwettbewerb, wobei viele andere Varianten um die Oberhoheit konkurrieren, von denen eine einen Augenblick später gewinnt. Sie haben in solchen Momenten eventuell das Gefühl, daß Ihre Gedanken umherwandern.

Möglicherweise sind darwinistische Prozesse nur der Zuckerguß auf dem kognitiven Kuchen. Möglicherweise ist vieles Routine oder regelgebunden. Aber wir gehen oft kreativ mit neuen Situationen um, so zum Beispiel, wenn Sie entscheiden, was es heute zum Abendessen geben soll. Sie sehen sich an, was bereits im Kühlschrank und im Küchenschrank lagert. Sie denken über einige Alternativen nach und merken sich dabei, was

Sie noch im Lebensmittelgeschäft einkaufen müssen. All dies kann Ihnen in Sekundenschnelle durch den Kopf gehen – und dabei ist wahrscheinlich ein darwinistischer Prozeß am Werk, wie auch dann, wenn Sie darüber spekulieren, was der morgige Tag wohl bringen wird.

Wir bauen mentale Modelle, die wichtige Aspekte unserer physischen und sozialen Welt darstellen, und wir manipulieren Elemente dieser Modelle, wenn wir denken, planen und versuchen, Ereignisse dieser Welt zu erklären. Die Fähigkeit, triftige Modelle der Realität zu konstruieren und zu manipulieren, verleiht uns Menschen unseren entscheidenden adaptiven Vorteil; man muß sie als eine der krönenden Errungenschaften des menschlichen Intellekts betrachten.

GORDON H. BOWER *und* DANIEL G. MORROW, *1990*

Repräsentationskonflikte sind aus einer Reihe von Gründen quälend. Auf der sehr praktischen Ebene ist es quälend, ein Modell der Realität zu besitzen, das mit denjenigen der Leute um einen herum in Konflikt liegt. Diese Leute machen Ihnen das bald bewußt. Aber warum sollte dieser Konflikt jemanden beunruhigen, wenn ein Modell nur ein Modell ist, ein bestes Erraten der Realität, wie es jeder von uns macht? Weil niemand darüber in dieser Weise denkt. Wenn das Modell die einzige Realität ist, die man erkennen kann, dann ist das Modell Realität, und wenn es nur eine einzige Realität gibt, dann muß sich der Besitzer einer anderen Realität irren.

DEREK BICKERTON, *1990*

7 Intelligentes Handeln aus einfachen Ursprüngen

Der Schematismus unseres Verstande, in Ansehung der Erscheinungen und ihrer bloßen Form, ist eine verborgene Kunst in den Tiefen der menschlichen Seele, deren wahre Handgriffe wir der Natur schwerlich jemals abraten, und sie unverdeckt vor Augen legen werden.

IMMANUEL KANT, Kritik der reinen Vernunft, 1787

»Man kann es am besten erklären« sagte der Dodo, »indem man es macht.«

LEWIS CAROLL, Alice im Wunderland, 1963

Ist dieses Kapitel wirklich notwendig? Nun, eigentlich nicht – in dem Sinne, daß viele Leser dieses Kapitel überspringen und zum letzten Kapitel übergehen könnten, ohne zu merken, daß etwas fehlt.

Es hängt davon ab, wie zufrieden Sie mit Organisationsdiagrammen sind. Einige Leute möchten nicht mehr wissen. „Lassen Sie die Details weg", fordern sie, „und bringen Sie nur die Zusammenfassung!" Aber in diesem Kapitel geht es wirklich nicht um die Details, die im letzten Kapitel weggelassen worden sind; es ist aus einem anderen Blickwinkel geschrieben, von unten nach oben, statt aus Prinzipien abgeleitet zu sein.

Prinzipien sind leider wie Organisationsdiagramme – eine skizzenhafte, bequeme Konvention. Echte Organisationen sind durch einen Strom von Informationen und Entscheidungsprozessen gekennzeichnet, der sich nicht in Kästchen und Beschriftungen einfangen läßt. Schaubilder beziehen *Menschen* nicht mit ein und berücksichtigen nicht, wie sie miteinander reden; sie beziehen das „institutionelle Gedächtnis" nicht mit ein. Sie berücksichtigen nicht, daß Experten auch Generalisten sein können, und wie Entscheidungen, die auf einer Ebene getroffen worden sind, mit denjenigen interagieren, die auf einer anderen Ebene gefällt wurden. Jede schematische Darstellung des Gehirns muß zwangsläufig die Unzulänglichkeiten von Organisationsdiagrammen teilen.

In dieser Darstellung von Intelligenz sind *Neuronen* (Nervenzellen) bisher kaum berücksichtigt worden, weder wie *sie* miteinander kommunizieren, noch wie sie sich an vergangene Ereignisse erinnern oder wie sie auf lokaler und regionaler Ebene gemeinsam Entscheidungen treffen. Einige der Antworten kennen wir einfach noch nicht, aber sicherlich kann man heute schon eine plausible, wenn auch noch skizzenhafte Darstellung der Kopierwettbewerbe zwischen cerebralen Codes geben.

Wann immer wir über Wissenschaft reden, ist es guter Brauch, ein typisches Beispiel zu geben – selbst dann, wenn es sich nur um einen möglichen und nicht etwa um einen eindeutig bewiesenen Mechanismus handelt.

Genau das soll dieses Kapitel liefern: ein Beispiel, wie unsere Großhirnrinde als Darwin-Maschine funktionieren könnte und dabei das Zentrum der Aufmerksamkeit ständig wandern läßt, auch die unterbewußten Gedanken, die sich so oft unaufgefordert in den Vordergrund schieben. Dieses Beispiel zeigt, wie wir zu der Fähigkeit gekommen sind, unsere zukünftigen Handlungen in der realen Welt sozusagen „off-line" zu simulieren – eine

Fähigkeit, die die Essenz der Piagetschen Intelligenz des richtigen Ratens ist.

Die Unfähigkeit, sich einen Mechanismus vorzustellen, der Geist erzeugen könnte, steckt hinter vielen Hausmeister-Träumen und vielen Einwänden gegen den Geist-im-Computer. Dieses Kapitel beschreibt die Bausteine, mit denen sich meines Erachtens eine denkende Maschine konstruieren ließe. Liebe Leser, das hier ist Ihre Chance, gerade einmal ein einziges Kapitel lang, ein von unten nach oben aufbauendes, mechanistisches Beispiel kennenzulernen, das Ihnen zeigt, wie unser geistiges Leben funktionieren könnte, und zwar sowohl auf bewußter wie auch unbewußter Ebene, sowohl was den Erwerb von Neuem als auch was das Durchführen von Routineoperationen angeht.

Die graue Substanz ist – abgesehen von toten Gehirnen – eigentlich gar nicht grau; in einem lebendigen Gehirn ist sie reich durchblutet. Denken Sie an Flüsse, die sich nach einem Gewitter rötlich-grau-braun dahinwälzen, dann bekommen Sie die richtige Vorstellung von der Färbung dieser dynamischen „grauen Substanz".

Die weiße Substanz im Gehirn ist jedoch tatsächlich weiß wie Porzellan, und zwar wegen der fetthaltigen Schicht, die die langen, fadenförmigen Fortsätze eines Neurons isoliert. Diese Fortsätze, die man „Axone" nennt und einem elektrischen Kabel vergleichbar sind, transportieren die Ausgangssignale eines Neurons zu nahen und entfernten Zielorten. Die fettreiche Isolierung des Axons wird als „Myelinhülle" bezeichnet. Die weiße Substanz besteht lediglich aus Kabelbündeln, die in alle Richtungen ziehen, so wie im Kellergeschoß einer Telephonzentrale. Diese isolierten „Drähte" machen die Hauptmasse des Gehirns aus; sie verbinden die Teile miteinander, die die Hauptarbeit tun, aber viel weniger Raum einnehmen.

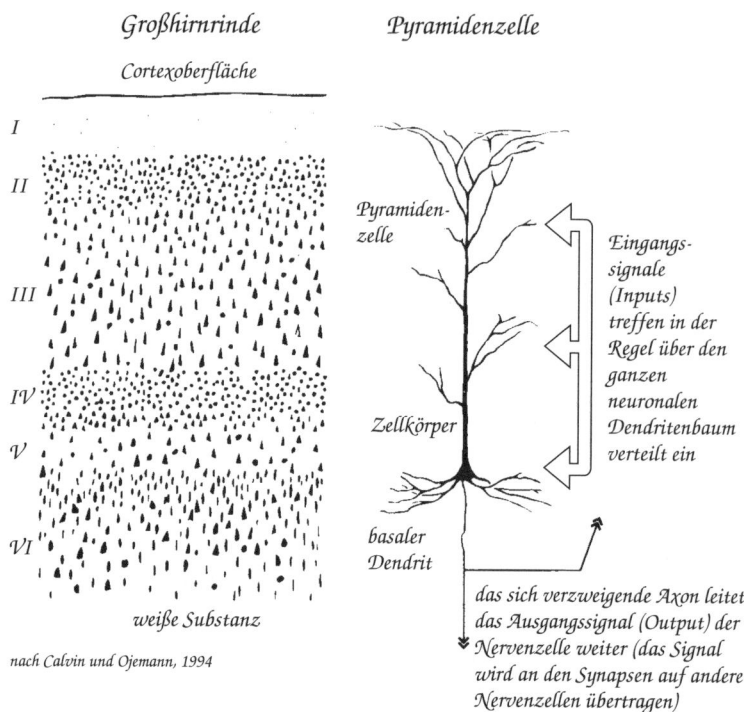

Großhirnrinde   Pyramidenzelle

Cortexoberfläche

I

II

Pyramiden-
zelle

III

Eingangs-
signale
(Inputs)
treffen in der
Regel über den
ganzen
neuronalen
Dendritenbaum
verteilt ein

IV

V

Zellkörper

VI

basaler
Dendrit

weiße Substanz

nach Calvin und Ojemann, 1994

das sich verzweigende Axon leitet
das Ausgangssignal (Output) der
Nervenzelle weiter (das Signal
wird an den Synapsen auf andere
Nervenzellen übertragen)

Das Axon entspringt aus dem Zellkörper des Neurons, einem
mehr oder minder runden Gebilde, das den Kern mit den DNA-
Matrizen für die alltäglichen Aufgaben der Zelle enthält. Neben
dem Axon trägt der Zellkörper zahlreiche zweigartige Strukturen, die Dendriten. Da dem Zellkörper und den Dendriten die
weiße Isolierung fehlt, sehen große Ansammlungen dieser Teile
„grau" aus. Das andere, distale Ende des Axons eines Neurons
berührt den Dendriten eines flußabwärts liegenden Axons, wie
es scheint – doch wenn Sie diese Region durch ein Elektronen-
mikroskop betrachten, erkennen Sie einen kleinen Spalt zwischen beiden Zellen, den man den synaptischen Spalt nennt. Die

Membranabschnitte der beiden Zellen, die den synaptischen Spalt begrenzen, bilden gemeinsam mit dem Spalt die Synapse. In dieses Niemandsland gibt das flußaufwärts gelegene Neuron ein wenig Neurotransmitter ab, der durch den Spalt diffundiert und bestimmte Kanäle in der Membran des flußabwärts gelegenen Neurons öffnet. (Obgleich es auch einige retrograde Neurotransmitter gibt, ist eine Synapse gewöhnlich eine Einbahnstraße, daher ist es sinnvoll, von „flußaufwärts" und „flußabwärts" gelegenen Neuronen zu sprechen.)

Vereinfacht gesagt, sieht ein einzelnes Neuron im Gehirn wie ein Busch oder eine Ingwerwurzel aus. Ein Neuron ist die typische Verrechnungseinheit, die die Einflüsse einiger tausend Eingangssignale addiert – die meisten erregend (exzitatorisch), einige aber auch hemmend (inhibitorisch), wie Guthaben und Schecks – und mit einer einzigen Stimme zu mehreren tausend festverdrahteten Hörern spricht.

Die Botschaft, die von dieser „Verrechnungseinheit" ausgesandt wird, betrifft überwiegend ihren „Kontostand" und Angaben darüber, wie schnell dieses Konto anwächst. Keine Botschaft wird ausgesandt, bevor der Kontostand nicht eine gewisse Schwelle überschritten hat. Große Bankguthaben erzeugen große Botschaften, vergleichbar Zinszahlungen mit einem Bonus. Aber, genau wie Klaviertasten keinen Ton hervorbringen, bevor sie nicht fest genug angeschlagen werden, sind corticale Neuronen gewöhnlich stumm, es sei denn, die Eingangssignale werden stärker – und dann ist ihr Ausgangssignal proportional dazu, wie stark sie durch den Kontostand stimuliert werden. (Zu stark vereinfachte binäre Modelle behandeln ein Neuron in der Regel eher als Cembalotaste, das heißt, mit einer Schwelle, aber ohne je nach Anschlag abgestuftem Volumen.)

Wenngleich die Botschaften von kurzen Neuronen auch einfacher sein können, benutzen Neuronen mit Axonen, die länger als etwa 0,5 Millimeter sind, stets einen Signalverstärker: den *Impuls*, eine kurze Spannungsschwankung von standardisierter Größe (wie die Lautstärke einer Cembalotaste). Verstärkt und in einen Lautsprecher gegeben, klingt der Impuls wie ein Klick (und wir sagen, das Neuron „feuert"). Um die Einschränkung zu überwinden, die durch die Standardgröße vorgegeben ist, wiederholen sich Impulse gewöhnlich mit einer Frequenz, die dem Kontostand proportional ist, genauso, wie einige wenige rasche Wiederholungen eines Cembalotons einen fest angeschlagenen Klavierton imitieren können. Manchmal – insbesondere im Großhirn – können einige wenige Eingangssignale unter Tausenden zusammenwirken, um einen Impuls auszulösen.

Die wirklich interessante graue Substanz ist diejenige in der Großhirnrinde, denn dort werden vermutlich die meisten neuen Assoziationen hergestellt – dort wird der Anblick eines Kammes mit dem Gefühl eines Kammes in Ihrer Hand verknüpft. Die cerebralen Codes für Sehen und Fühlen sind unterschiedlich, aber sie werden im Cortex verbucht, und zwar zusammen mit den Codes für das Hören des Wortklanges /kam/ oder dem Hören des charakteristischen Geräuschs, das die Zähne eines Kammes machen, wenn sie durchs Haar fahren. Sie können einen Kamm im Grunde auf all diese Weisen identifizieren. Man vermutet, daß es spezielle Orte im Cortex gibt, sogenannte „Konvergenzzonen für assoziative Erinnerungen", wo diese verschiedenen Modalitäten zusammenlaufen.

Auf der Produktionsseite stehen verknüpfte cerebrale Codes für das Aussprechen von /kam/ und für die Erzeugung der Bewegungen, die einen Kamm durch Ihr Kopfhaar führen. Daher erwarten wir zwischen der sensorischen Version des Wortes „Kamm" und den verschiedenen Bewegungsmanifestationen ein Dutzend verschiedener corticaler Codes zu finden, die mit Kämmen assoziiert sind.

Die corticalen Areale, die all diese Assoziationen für uns durchführen, sind ein dünner Zuckerguß auf dem Kuchen aus weißer Substanz. Die Großhirnrinde ist nur etwa 2 Millimeter dick, wenn auch stark gefaltet. Der *Neocortex* (der den gesamten Cortex mit Ausnahme des Hippocampus und einiger olfaktorischer Areale ausmacht) weist eine erstaunlich einheitliche Packungsdichte auf (bis auf eine Schicht im primären visuellen Cortex). Wenn Sie ein Gitternetz auf die corticale Oberfläche zeichneten, dann würden unter jedem Quadratmillimeter etwa 148 000 Neuronen liegen – unabhängig davon, ob es sich dabei nun um den Sprachcortex oder den motorischen Cortex handelt. Aber ein Blick zur Seite, in die Schichten innerhalb dieser 2 Millimeter dicken Rinde, enthüllt einige regionale Unterschiede.

Der Zuckerguß dieses Kuchens ist es, der die Schichten enthält, nicht etwa der Kuchen selbst. Eine bessere bäckerische Analogie ist vielleicht eine Blätterteigkruste, die aus Schichten ähnlich denen eines Croissants bestehen. Die tiefsten Schichten sind eine Anlaufstelle für ausgehende Post, eine *Out*-Box, deren Kabel überwiegend aus dem Cortex hinausstreben und zu entfernten subcorticalen Strukturen, wie Thalamus oder Rückenmark, führen. Die mittlere Schicht ist eine Anlaufstelle für eingehende Post, eine *In*-Box, in die Kabel aus dem Thalamus und anderen Arealen einlaufen. Die obersten Schichten bilden die Anlaufstelle für den Postverkehr zwischen den Büros, eine *Interoffice*-Box; sie schaffen „corticocorticale" Verbindungen mit den oberen Schichten anderer naher und ferner Regionen. Ihre Axone ziehen durch den Balken (Corpus callosum) auf die andere Seite des Gehirns – aber der größte Teil der Post zwischen den Büros wird lokal ausgeliefert, in einem Umkreis von mehreren Millimetern. Solche axonalen Zweige verlaufen seitwärts, statt wie die längeren, u-förmig gebogenen Zweige durch die weiße Substanz zu ziehen.

Einige Regionen besitzen große *In*- und kleine *Out*-Boxen, genau wie die auf den Schreibtischen der Leserbrief-Abteilung einer Zeitschriftenredaktion. Eingebettet in diese geschichtete horizontale Organisation findet man einen faszinierenden Satz vertikaler Arrangements, die an Zeitungskolumnen erinnern. Wenn wir einen Rundgang machen und die einzelnen Neuronen in der Großhirnrinde untersuchen, entdecken wir, daß Neuronen mit ähnlichen Interessen gewöhnlich vertikal angeordnet sind und Zylinder bilden, sogenannte corticale Säulen oder Kolumnen, die die meisten Schichten durchziehen. Es ist fast wie ein Club, der sich aus der Menge der Partygäste selbst organisiert, weil Leute mit gleichen Interessen immer gerne zusammenhocken. Wir haben diesen corticalen Clubs natürlich Namen gegeben. Einige dieser Namen spiegeln ihre Größe wider, andere ihre vermuteten Spezialitäten (soweit wir sie kennen).

Die schlanken Zylinder oder *Minikolumnen* haben einen Durchmesser von nur 0,03 Millimeter (wie ein sehr dünnes Haar, oder besser noch, ein Spinnwebfaden). Die bekanntesten Beispiele für solche Minikolumnen sind die Orientierungssäulen im visuellen Cortex, deren Neuronen offenbar auf visuelle Objekte mit Linien oder Kanten reagieren, die in einem bestimmten Winkel geneigt ist. Die Neuronen in einer Minikolumne beispielsweise antworten am stärksten auf Begrenzungen mit einer Neigung von 35 Grad, die in einer anderen bevorzugen horizontale oder vertikale Linien, und so weiter.

Sie können in ein Mikroskop schauen und dort eine Gruppe corticaler Neuronen entdecken (nun ja, ganz so einfach ist es selbst nach einem Jahrhundert Fortschritt in neuroanatomischen Techniken nicht), die aussehen wie ein Bund Schnittlauch. Sie erkennen einen langgestreckten „apikalen Dendriten", der, vom Zellkörper (der oft dreieckig ist, daher der Name „Pyramidenzelle") ausgehend, nach oben zur Cortexoberfläche zieht. Diese

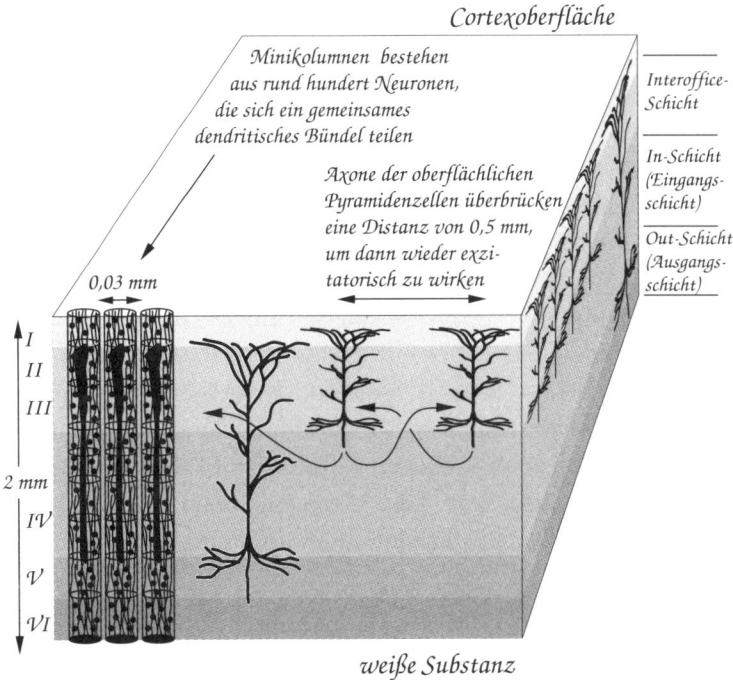

Cortexoberfläche

Minikolumnen bestehen
aus rund hundert Neuronen,
die sich ein gemeinsames
dendritisches Bündel teilen

Axone der oberflächlichen
Pyramidenzellen überbrücken
eine Distanz von 0,5 mm,
um dann wieder exzi-
tatorisch zu wirken

0,03 mm

Interoffice-
Schicht

In-Schicht
(Eingangs-
schicht)

Out-Schicht
(Ausgangs-
schicht)

I
II
III

2 mm

IV

V

VI

weiße Substanz

apikalen Dendriten der Pyramidenzellen sind zu einem Bündel
zusammengefaßt, wobei der Abstand zwischen benachbarten
Bündeln 0,03 Millimeter beträgt. Dabei sind rund 100 Neuronen
in einer Minikolumne um eines dieser Bündel herum organisiert, obgleich das Bündel auf jeder einzelnen Ebene vielleicht
nur ein Dutzend apikaler Dendriten enthält. Bündelung ist ein
auch außerhalb des visuellen Cortex häufig angewandtes Prinzip, daher sind Minikolumnen, was die Anatomie betrifft, vermutlich ein häufiges Element der corticalen Organisation – aber
an anderen Orten wissen wir nicht, wofür sich die Neuronen
einer Minikolumne „interessieren".

Andere „Interessengruppen" sind meist viel größer und enthalten mehr als 100 Minikolumnen; diese sogenannten *Makrokolumnen* haben einen Durchmesser von 0,4 bis 1,0 Millimeter (so dick wie eine dünne Bleistiftmine) und erinnern manchmal eher an langgestreckte Vorhangfalten als an richtige Zylinder. Solche Makrokolumnen entstehen offenbar aus einer Organisation der Inputs – beispielsweise alternieren in der Sehrinde diejenigen Axone, die die Information vom linken Auge tragen, in der Regel alle 0,4 Millimeter mit denjenigen, die vom rechten Auge kommen. Ähnliches gilt für die Inputs von anderen Cortexarealen; beispielsweise können Sie, wenn Sie auf die Cortexregion direkt vor dem Corpus callosum blicken, sehen, daß die Eingänge aus dem präfrontalen Cortex eine Makrokolumne bilden, die auf jeder Seite von Makrokolumnen flankiert wird, die ihrerseits aus gebündelten Parietallappen-Eingängen bestehen.

Die corticalen Neuronen, die sich für Farben interessieren, schließen sich häufig (wenn auch nicht immer) zu „Blobs" (nach dem englischen Wort für „Tropfen") zusammen. Anders als Makrokolumnen erstrecken sich Blobs nicht durch alle Zellschichten des Cortex; man findet sie nur in den oberen Schichten – oben bei der *Interoffice*-Post. Und sie bestehen nicht ausschließlich aus Farbspezialisten; vielleicht nur 30 Prozent der Neuronen in einem Blob sind farbempfindlich. Die Abstände zwischen Blobs sind ähnlich (wenn nicht identisch mit) denen zwischen Makrokolumnen.

Und die nächste Organisationsebene? In jeder menschlichen Großhirnhemisphäre gibt es 52 „Brodmann-Areale" oder Rindenfelder, deren Einteilung auf der Veränderung der Schichtdikke basiert. An der Grenze zwischen zwei Rindenfeldern können Sie erkennen, wie sich die relative Dicke der gestapelten *Interoffice*-, *In*- und *Out*-Boxen verändert, als ob das Verhältnis von eingehender, ausgehender und zwischen den Büros kursierender Post auf benachbarten „Schreibtischen" unterschiedlich wäre.

Area 17 ist besser als primärer visueller Cortex oder primäre Sehrinde bekannt, aber es ist generell voreilig, diesen Rindenfeldern funktionelle Etiketten anzuheften – vergleichbar den Abteilungen in einem Organisationsdiagramm. (Area 19, beispielsweise, weist ein halbes Dutzend funktioneller Unterabteilungen auf.) Ein Brodmann-Areal ist in ungefalteten Bereichen durchschnittlich 21 Quadratzentimeter groß. Wenn man die Verhältnisse im visuellen Cortex auf andere Cortexregionen übertragen darf, dann bedeutet das, daß in einem durchschnittlichen Rindenfeld ungefähr 10 000 Makrokolumnen und eine Million Minikolumnen liegen.

Der Faktor 100 taucht immer wieder auf: 100 Neuronen gehören zu einer Minikolumne, rund 100 Minikolumnen zu einer Makrokolumne, 100 mal 100 Makrokolumnen zu einem Rindenfeld (was mich fragen läßt, ob wir eine intermediäre „Superkolumnen"- oder „Miniareal"-Organisation in der Größenordnung von 100 Makrokolumnen übersehen), und wenn man die Felder beider Gehirnhälften zusammenzählt, gibt es gerade etwas mehr als 100 Brodmann-Areale.

Können wir diesen Multiplikationsfaktor 100 noch weiter verfolgen? Der Versuch würde uns in den Bereich sozialer Organisationen führen: Was bedeuten 100 Gehirne? Das läßt an gewisse legislative Körperschaften, wie den US-Senat, denken. Und in den Vereinten Nationen sind mehr als 100 gesetzgebende Körperschaften repräsentiert.

Es ist schön, etwas über konstante Elemente der Gehirnorganisation, wie Rindenfelder oder Minikolumnen, zu wissen. Aber wir müssen auch die temporären Arbeitsräume des Gehirns verstehen – etwas, das den Notizblöcken und Puffern näherkommt –, die die von der Anatomie vorgegebenen, festeren Organisationsformen überlagern.

Um mit etwas Neuem umzugehen, brauchen wir in der Tat empirische Organisationsformen, wie diese sechseckigen Zellen, die sich in kochenden Haferbrei bilden, wenn Sie umzurühren vergessen – Formen, die zeitweise auftreten und dann wieder verschwinden. Gelegentlich tauchen diese Organisationsformen wieder auf, wenn irgendeines ihrer charakteristischen Merkmale zuvor genügend „Spuren" in der Landschaft der interkonnektiven Verstärkungen hinterlassen hat – in diesem Fall wurde die empirische Organisation zu einer neuen Erinnerung oder Gewohnheit.

Insbesondere müssen wir uns mit *cerebralen Codes* beschäftigen – jenen Mustern, die unter anderem jedes der Worte unseres Wortschatzes repräsentieren – und damit, wie sie zustande kommen. Zunächst sieht es so aus, als hätten wir es dabei mit einem vierdimensionalen Muster zu tun – mit den aktiven Neuronen, die über den dreidimensionalen Cortex verstreut liegen, während sie in der Zeit feuern. Aber weil die Minikolumnen offenbar all die corticalen Schichten um ähnliche Interessen herum organisieren, sehen die meisten Neurowissenschaftler den Cortex eher als zweidimensionales Blatt, ähnlich der Netzhaut, an (die Netzhaut ist 0,3 Millimeter dick und in Schichten aufgebaut, aber die Einteilung ist eindeutig für ein zweidimensionales Bild bestimmt).

Daher können wir uns den Cortex mit zwei räumlichen und einer zeitlichen Dimension vorstellen (was natürlich der Art und Weise entspricht, in der wir die Bilder auf einer Leinwand oder einem Computerterminal sehen) – vielleicht mit transparenten Auflagen, um verfolgen zu können, was geschieht, wenn die verschiedenen corticalen Schichten verschiedene Dinge tun. Stellen Sie sich den menschlichen Cortex wie eine Kuchenkruste auf den bereits erwähnten vier Seiten Schreibmaschinenpapier ausgebreitet vor, mit kleinen Flecken, die aufleuchten wie die Pixel einer Laufschrift. Welches Muster beobachten wir, wenn der Cortex einen Kamm sieht? Wenn das Wort „Kamm" gehört oder ausgesprochen wird? Wenn der Cortex einer Hand den Befehl gibt, das Haar zu kämmen?

Sich etwas ins Gedächtnis rufen heißt vermutlich, eine raumzeitliche Sequenz von feuernden Neuronen zu schaffen – eine Sequenz, die derjenigen zum Zeitpunkt der Eingabe ins Gedächtnis ähnelt, aber befreit ist von unwesentlichen Details. Das erinnerte raumzeitliche Muster wäre dann so etwas wie eine Anzeigentafel in einem Stadion, auf der viele kleine Lichter aufleuchten und wieder verlöschen und dabei ein Gesamtmuster schaffen. Mit einer etwas allgemeineren Version eines solchen Hebbschen Zellverbandes ließe sich vermeiden, das raumzeitliche Muster mit bestimmten Zellen zu verknüpfen; dieses System wäre dem Bild vergleichbar, das auf der Anzeigetafel scrollt. Das Muster bedeutet immer dasselbe, selbst wenn es von anderen Lichtern erzeugt wird.

Wir neigen dazu, uns auf die Lichter zu konzentrieren, die aufleuchten, aber denken Sie daran, daß die Lichter, die dunkel bleiben, ebenfalls zum Muster beitragen; wenn sie nach dem Zufallsprinzip angeschaltet werden – beispielsweise durch einen Schlaganfall –, verschleiern sie das Muster. Etwas, was diesem Verschleiern ähnelt, scheint bei einer Gehirnerschütterung zu passieren: Wenn ein verletzter Fußballspieler vom Spielfeld getragen wird, weiß er häufig noch, welchen Spielzug er gerade ausgeführt hat, aber zehn Minuten später kann er sich nicht daran erinnern, was mit ihm passiert ist. Die Gehirnerschütterung führt mit der Zeit dazu, daß viele Neuronen „aufleuchten" und die Muster verschleiern wie ein heller Nebel – etwas, das Bergsteiger „Whiteouts" nennen. (Denken Sie daran: Blackouts sind manchmal eine Folge von Whiteouts.)

Was ist das elementarste Muster, das etwas bedeutet? Ein wichtiger Hinweis scheint mir zu sein, daß aus verschiedenen Gründen Muster*kopien* nötig sind.

Bevor die DNA die Bühne betrat, suchten Genetiker und Molekularbiologen nach einer Molekülstruktur, die im Verlauf der Zellteilung zuverlässig kopiert werden konnte. Einer der Gründe, warum die Doppelhelixstruktur der DNA, die 1953 von Crick und Watson entdeckt wurde (und ich schreibe dies, während ich gerade an der Univerversität Cambridge weile und direkt auf das Gebäude schaue, in dem sie gearbeitet haben), auf allgemeine Zustimmung traf, war, daß sie eine Möglichkeit aufzeigte, mittels der komplementären Paare von DNA-Basen (C bindet an G, A paart sich mit T) eine Kopie herzustellen. Öffnen Sie den Reißverschluß „Doppelhelix" in zwei separate Hälften, und jede DNA-Position auf einer Reißverschlußhälfte wird bald mit einer komplementären Base gepaart sein, die sich aus all den freien Basen in der Nukleotidsuppe rundum rekrutiert. Damit haben Sie zwei identische Doppelhelices, wo es zuvor nur eine gab. Dieses Kopierprinzip ebnete den Weg zum Verständnis des genetischen Codes, der einige Jahre später entdeckt wurde und angibt, wie diese DNA-Tripletts den Aminosäurestrang „repräsentieren", der sich zu einem Protein faltet.

Gibt es einen ähnlichen Kopiermechanismus für cerebrale Aktivitätsmuster, und könnte er uns helfen, den relevantesten der Hebbschen Zellverbände herauszufinden? Das ist derjenige, den wir zu Recht als den cerebralen Code bezeichnen könnten, denn er stellt die elementarste Art und Weise dar, etwas zu repräsentieren (einen bestimmten Begriffsinhalt eines Wortes, ein vorgestelltes Objekt, und so weiter).

Kopiervorgänge sind im Gehirn bisher noch nicht beobachtet worden – wir verfügen gegenwärtig noch nicht über Werkzeuge mit der notwendigen räumlichen und zeitlichen Auflösung,

wenn wir auch nahe daran sind. Aber es gibt drei Gründe, wes-
wegen ich darauf wetten würde, daß es solche Kopiervorgänge
gibt:

- Das stärkste Argument für die Existenz eines Kopiermechanismus ist der darwinistische Prozeß selbst, der schon an
  sich ein Kopierwettbewerb ist, welcher von einer facettenreichen Umwelt entschieden wird. Es ist eine so elementare
  Methode, Zufälliges in etwas Sinnvolles umzuwandeln, daß
  es überraschend wäre, wenn das Gehirn diesen Prozeß nicht
  ebenfalls benutzte.
- Kopien sind auch das, was man für präzise ballistische Bewegungen, wie Werfen, benötigt – Dutzende bis Hunderte
  von Klonen von bewegungssteuernden Mustern, die nötig
  sind, um das Startfenster zu treffen.
- Und dann gibt es da noch das *Faux*-Fax-Argument aus dem
  letzten Kapitel: Kommunikation innerhalb des Gehirns erfordert das Telekopieren von Mustern.

Seit 1991 ist mein Favorit unter den Kandidaten für einen lokalen neuronalen Schaltkreis, der Kopien von raumzeitlichen Mustern herstellen könnte, die sich gegenseitig verstärkende Verschaltung der *Interoffice*-Schichten. Die Verkabelung dieser
oberen Schichten der Großhirnrinde ist, um es mit einem Wort
zu sagen, eigenartig. Für einen Neurophysiologen tatsächlich
beinahe alarmierend! Ich sehe mir diese Schaltkreise an und
frage mich, wie die sich hochschaukelnde Aktivität gezü-
gelt wird, warum es nicht viel häufiger zu Schlaganfällen und
Halluzinationen kommt. Aber gerade diese Schaltkreise weisen
einige Kristallisationstendenzen auf, die eigentlich besonders gut geeignet sein müßten, raumzeitliche Muster zu klonen.

Von den 100 Neuronen in einer Minikolumne sind rund 39 oberflächliche Pyramidenzellen (das heißt, ihre Zellkörper liegen in den Schichten II und III). Ihre Verschaltung ist es, die so eigenartig ist.

Wie alle anderen Pyramidenzellen setzen auch die aus Schicht II und III einen erregenden Neurotransmitter frei, gewöhnlich Glutamat. An Glutamat ist an sich nichts Eigenartiges; es ist eine der Aminosäuren, die in der Regel als Baustein von Peptiden und Proteinen dient. Wenn Glutamat durch den synaptischen Spalt diffundiert ist, öffnet es in der Membran des Dendriten der nächsten Zelle verschiedene Typen von Ionenkanälen. Der erste Kanaltyp ist darauf spezialisiert, Natriumionen passieren zu lassen; das wiederum erhöht die Spannung über der Membran des flußabwärts gelegenen Neurons.

Ein zweiter Kanaltyp, der von Glutamat aktiviert wird – der NMDA-Kanal – läßt Calciumionen sowie einige weitere Natriumionen in das flußabwärts gelegene Neuron einströmen. Diese NMDA-Kanäle sind für Neurophysiologen besonders interessant, weil sie zur sogenannten Langzeitpotenzierung (LTP) beitragen, einer Veränderung der synaptischen Verstärkung, die im Neocortex einige Minuten lang anhält. (Minuten fallen neurophysiologisch eigentlich eher unter den Begriff „Kurzzeit", aber die LTP hält im Hippocampus – einer älteren und einfacheren Version des Cortex – manchmal tagelang an, und davon leitet sich „Langzeit" ab.)

LTP tritt auf, wenn es zu einer engen zeitlichen Synchronisation (innerhalb Dutzender bis Hunderter von Millisekunden) verschiedener Inputs auf das flußabwärts gelegene Neuron kommt; sie dreht einfach den „Lautstärkeregler" für diese Inputs einige Minuten lang weiter auf. Diese Inputs sind die „Bodenwellen und Spurrillen", die es zeitweilig einfacher machen, ein bestimmtes raumzeitliches Muster zu rekonstruieren. LTP ist unser bester Kandidat für ein Kurzzeitgedächtnis, das einen Aufruhr im Gehirn überleben kann. Sie leistet vermutlich auch einen Beitrag zum Gerüst für die Schaffung wirklich langanhaltender Strukturveränderungen in Synapsen – den permanenten Bodenwellen und Spurrillen, die bei der Rekonstruktion von lange ungenutzten raumzeitlichen Mustern helfen.

Die *Interoffice*-Schichten befinden sich dort, wo die meisten NMDA-Kanäle liegen und der größte Teil der neocorticalen LTP auftritt. Diese oberflächlichen Schichten weisen zwei weitere Eigenarten auf, die beide mit den Verbindungen der Pyramidenzellen untereinander zu tun haben. Im Mittel nimmt ein corticales Neuron mit weniger als zehn Prozent aller Neuronen innerhalb eines Umkreises von 0,3 Millimeter Kontakt auf. Aber rund 70 Prozent der erregenden Synapsen an einer oberflächlichen Pyramidenzelle stammen von Pyramidenzellen, die weniger als 0,3 Millimeter entfernt liegen; diese Neuronen zeigen also offenbar eine ungewöhnlich starke Neigung, sich gegenseitig zu erregen. Für einen Neurophysiologen blinken bei solch einer Konstellation alle Warnlampen auf: Es ist ein perfektes Szenario für Instabilität und heftige Oszillationen, wenn es nicht sorgfältig reguliert wird.

Im Zusammenhang mit diesen „rekurrenten exzitatorischen Verbindungen" tritt auch ein eigenartiges cytologisches Muster auf – ein Muster, wie man es in den tieferen corticalen Schichten nicht findet. Das Axon einer oberflächlichen Pyramidenzelle wandert eine charakteristische Strecke weit seitwärts, ohne Synapsen mit anderen Neuronen auszubilden, und verzweigt sich dann am Ende in ein dichtes Büschel. Wie ein Expresszug spart es sich die Zwischenstops. Im primären visuellen Cortex beträgt die Entfernung vom Zellkörper zum Zentrum des endständigen Büschels etwa 0,43 Millimeter; nebenan, im sekundären visuellen Areal, sind es 0,65 Millimeter; im sensorischen Streifen sind es 0,73 Millimeter und im motorischen Cortex von niederen Affen sind es 0,85 Millimeter. Lassen Sie uns diese Distanz der Einfachheit halber auf 0,5 Millimeter abrunden. Das Axon verlängert sich dann um die gleiche Strecke und bildet ein weiteres terminales Büschel aus; auf diese Weise kann die Expresszuglinie einige Millimeter weit fortgeführt werden.

Dieses Intervallspringen ist in den Annalen der corticalen Neuroanatomie eindeutig etwas Besonderes. Seine Funktion ist nicht bekannt, aber es bringt uns sicherlich auf den Gedanken, daß Regionen, die 0,5 Millimeter weit auseinanderliegen, vielleicht bei Gelegenheit dasselbe tun – daß es sich wiederholende Aktivitätsmuster geben könnte, in der Art, wie man sie bei sich wiederholenden Mustern auf Tapeten findet.

Das Sprungintervall entspricht, wie Sie vielleicht bemerkt haben, dem halben Millimeter Abstand zwischen den Makrokolumnen. Auch Farbblobs sind etwa so weit voneinander entfernt. Aber da gibt es einen Unterschied.

Eine zweite oberflächliche Pyramidenzelle in 0,2 Millimeter Entfernung von der ersten hat selbst ein Axon mit verschiedenen Expresshaltestellen in 0,5 Millimeter-Abständen, aber jeder Stop (jedes terminale Büschel) liegt 0,2 Millimeter von denjenigen der ersten Zelle entfernt. Zu Beginn meiner Studienzeit hatten die Chicagoer Verkehrsbetriebe genau so ein System mit A- und B-Zügen, von denen die einen die „geraden" und die anderen die „ungeraden" Haltestellen anliefen, wobei es einige gemeinsame Haltestellen gab, an denen man vom einen in den anderen Zug umsteigen konnte. Natürlich kann sich das Einzugsgebiet einer einzelnen Haltestelle manchmal über mehr als einen Cityblock erstrecken – und unsere oberflächlichen Pyramidenzellen konzentrieren sich ebenfalls nicht auf einen einzigen Punkt, da ihr Dendritenbaum oft eine seitliche Ausdehnung von 0,1 Millimeter oder mehr hat.

Stellen Sie das den Verhältnissen bei Makrokolumnen gegenüber. Bisher sind Makrokolumnen *Territorien* mit einer gemeinsame Input-Quelle gewesen, als ob Sie einen Zaun um eine Gruppe von Minikolumnen ziehen könnten, weil sie alle zur selben Postanschrift gehören. Und die Blobs haben ein Output-Ziel gemeinsam (die sekundären Rindenfelder, die auf Farbe spezialisiert sind). Daher nehmen unsere seitwärts verlaufenden exzitatorischen Axonverzweigungen *keinen* Kontakt zu Makrokolumnen auf, wenngleich das Sprungintervall eine Ursache (oder eine Folge) der Makrokolumnen auf einer benachbarten Organisationsebene sein könnte. Stellen Sie sich einen Wald vor, wo die Zweige wie Finger ineinandergreifen, wo jeder Baum eine Telephonleitung besitzt, die ihn verläßt und Kontakt mit einem entfernten Baum aufnimmt, wobei sie nicht nur die dazwischenliegenden Bäume umgeht, sondern auch die Zäune überspringt, die den Wald in Bereiche mit gemeinsamem Input unterteilen.

Seitwärts verlaufende „rekurrente" Verbindungen kommen bei realen neuronalen Netzwerken häufig vor; laterale Hemmung war das Thema zweier Nobelpreise (1961 an Georg von Békésy, 1967 an H. Keffer Hartline). Sie ermöglicht es, verschwommene Grenzen in einem räumlichen Muster schärfer herauszuarbeiten (während rekurrente Verbindungen verschwommene optische Eindrücke „scharfstellen" können, können sie auch Nebeneffekte, wie optische Täuschungen, hervorrufen). Aber unsere exzitatorischen oberflächlichen Pyramidenzellen wirken *erregend* aufeinander, was darauf hindeutet, daß sich ihre Aktivität wie ein umsichgreifendes Buschfeuer selbst speisen könnte, wenn sie nicht durch hemmende Neuronen unter Kontrolle gehalten werden. Was geht da vor sich? Ist rekurrente Erregung der Grund dafür, daß die

Großhirnrinde so anfällig für epileptische Anfälle ist, wenn die hemmenden Neuronen erschöpft sind?

Weiterhin bedeutet das Standard-Sprungintervall, daß eine Rundreise möglich wäre – ein Schwingkreis, wie er von frühen Neurophysiologen postuliert wurde. Zwei Neuronen, die 0,5 Millimeter weit auseinanderliegen, könnten einander in Gang halten. Ein Neuron hat, nachdem ein Impuls generiert worden ist, eine Refraktärperiode – eine Art „Auszeit": Etwa eine Millisekunde lang ist es fast unmöglich, einen weiteren Impuls auszulösen. Die Reisezeit über diese Distanz von 0,5 Millimeter beträgt ebenfalls etwa eine Millisekunde, und dann verlangsamt die synaptische Verzögerung die Zustellung des Signals um eine weitere halbe Millisekunde – vorausgesetzt, die Verbindungen zwischen den beiden Neuronen sind effizient genug, kann man sich daher vorstellen, daß die Impulse des zweiten Neurons etwa dann wieder beim ersten Neuron eintreffen, wenn dieses seine Fähigkeit zur Impulserzeugung zurückgewonnen hat. Aber gewöhnlich reicht die Effizienz der Verbindungen zwischen Neuronen nicht aus, und gewöhnlich läßt sich eine so hohe Impulsfrequenz nicht aufrechterhalten, selbst wenn eine Salve mit der nötigen Impulsfrequenz gestartet wird. (Im Herzen ist die elektrische Kopplung zwischen benachbarten Zellen tatsächlich stark genug, um eine rhythmische Erregung zu gewährleisten; ist die Erregungsleitung gestört, kann es zu Herzrhythmusstörungen kommen.)

Wenn das corticale Standard-Sprungintervall aber nicht dazu führt, daß ein Impuls gleichsam seinem Schwanz nachjagt, welchen Zweck erfüllt es dann? Wahrscheinlich den der Synchronisation.

Wenn Sie in einem Chor singen, synchronisieren Sie sich mit den anderen Chormitgliedern, indem Sie ihnen zuhören – gewöhnlich hören Sie, daß Sie zu spät einsetzen oder zu früh beginnen. Aber Sie beeinflussen natürlich auch die anderen Sänger. Selbst wenn jeder einzelne etwas schwerhörig ist, sind dank dieser Rückkopplung bald alle synchronisiert.

Ihre Position in diesem Chor ähnelt stark der einer oberflächlichen Pyramidenzelle im Neocortex, die erregende Eingangssignale von den umliegenden Nachbarzellen erhält. Solche Netzwerke wurden bereits intensiv untersucht – wenn auch nicht gerade das im oberen Neocortex. Selbst bei nur geringem Feedback (wie bei schwerhörigen Sängern) kommt es zu einer Synchronisation. Zwei identische Pendel, die nebeneinander aufgehängt sind, synchronisieren sich allmählich – allein infolge der Schwingungen, die sie in der Luft und an ihrer Befestigung hervorrufen. (Auch die Menstruationszyklen von Studentinnen, die in Wohnheimen leben, sollen sich mit der Zeit synchronisieren.) Harmonische Oszillatoren, wie Pendel, brauchen eine gewisse Zeit, um sich zu synchronisieren, doch nichtlineare Systeme, wie die Impulsproduktion in Neuronen, können sich, selbst wenn die ihre Verbindungsstärke relativ gering ist, sehr rasch synchronisieren.

Und was hat diese Tendenz zur Synchronisation mit dem Kopieren raumzeitlicher Muster zu tun? Glücklicherweise ist das eine Frage einfacher Geometrie – von der Art, wie sie die alten Griechen beim Betrachten der Fliesenmosaike auf den Böden ihrer Badehäuser entwickelt haben (und die wir in Tapetenmustern wiederentdecken können).

Lassen Sie uns annehmen, daß sich mitten unter all den oberflächlichen Pyramidenzellen, die im primären visuellen Cortex verstreut liegen und auf das eine oder andere Merkmal der Banane reagieren, die Sie gerade anschauen, ein „Bananen-Komitee" formiert. Diejenigen Neuronen, die auf Begrenzungen und deren Orientierung spezialisiert sind, reagieren besonders stark auf die Linien, die den Umriß der Banane bilden. Und dann gehören noch die Blob-Neuronen, die die Farbe Gelb mögen, zum Komitee.

Da sich die Neuronen leicht gegenseitig erregen – vorausgesetzt die Sprungdistanz für ihre terminalen Axonbündel beträgt 0,5 Millimeter –, werden sie beginnen, sich zu synchronisieren. Das heißt nicht, daß alle Impulse in dem Neuron, das ich *Gelb Eins* nennen will, mit denjenigen in *Gelb Zwei* synchronisiert sein werden, aber ein gewisser Prozentsatz der Impulse beider Neuronen wird innerhalb weniger Millisekunden nacheinander auftreten.

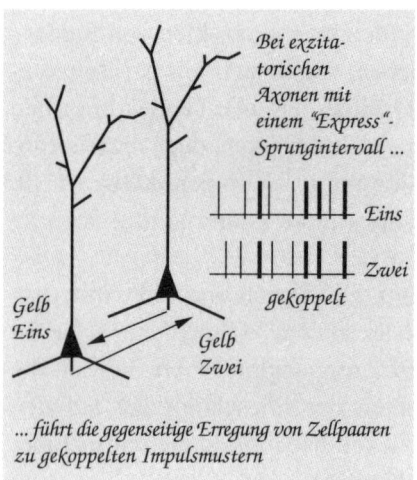

Bei exzitatorischen Axonen mit einem "Express"-Sprunginterval ...

Eins

Zwei

gekoppelt

Gelb Eins

Gelb Zwei

... führt die gegenseitige Erregung von Zellpaaren zu gekoppelten Impulsmustern

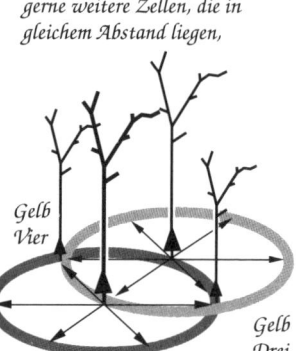

Ein gekoppeltes Paar rekrutiert gerne weitere Zellen, die in gleichem Abstand liegen,

Gelb Vier

Gelb Drei

so entsteht eine Dreieck-Anordnung synchronisierter Neuronen mit einer gewissen Reichweite

Nehmen wir nun einmal an, daß es eine weitere oberflächliche Pyramidenzelle gibt, die sich in 0,5 Millimeter Entfernung von *Gelb Eins* wie auch von *Gelb Zwei* befindet. Vielleicht empfängt sie nur ein schwaches gelbes Eingangssignal, zu schwach, um loszufeuern und „Gelb" zu signalisieren. Nun erhält *Gelb Drei* jedoch Inputs von *Eins* wie auch von *Zwei*. Dazu kommt, daß einige der Inputs von *Eins* und *Zwei* – nämlich die synchronisierten – gemeinsam an den Dendriten von *Drei* eintreffen. (Die Signale müssen beide dieselbe Wegstrecke von 0,5 Millimetern zurücklegen.) Das ist genau das, was Hifi-Fans „auf dem Hot Spot sitzen" nennen, das heißt, gleich weit entfernt von beiden Lautsprechern an der Spitze eines gleichseitigen Dreiecks sitzen (wenn Sie sich auch nur ein wenig nach rechts oder links bewegen, fällt die Stereoillusion in sich zusammen, und Sie hören den näheren Lautsprecher in Monoversion.) Am Hot Spot im Cortex in der Nähe von *Gelb Drei* summieren sich die beiden synaptischen Inputs: 2 + 2 = 4 (ungefähr). Aber die Entfernung bis zur Impulsschwelle könnte 10 betragen; daher bleibt *Gelb Drei* noch immer stumm.

Nicht sehr interessant. Aber es handelt sich hierbei um Glutamatsynapsen in den oberen Schichten des Cortex; daher weist die synaptische Membran NMDA-Kanäle auf, die sowohl Natrium- als auch Calciumionen in das flußabwärts gelegene Neuron einströmen lassen. Wiederum nicht so wichtig – für sich allein betrachtet.

Aber ich habe Ihnen bisher verschwiegen, warum Neurophysiologen NMDA-Kanäle im Vergleich zu anderen synaptischen Kanälen so faszinierend finden: Sie reagieren nicht nur sensibel auf das herandiffundierende Glutamat, sondern auch auf die vorher existierende Spannung über der postsynaptischen Membran. Wird die Spannung erhöht, so führt der nächste Glutamatschub zu einem stärkerem Effekt, der manchmal doppelt so groß ist wie normal. Das kommt daher, weil viele der NMDA-Kanäle in der Regel „verstöpselt" sind: In der Mitte des Tunnels, der durch die Membran führt, steckt ein Magnesiumion; eine erhöhte Spannung treibt diesen Stöpsel aus dem Tunnel heraus – und das wiederum erlaubt den zuvor blockierten Natrium- und Calciumionen, bei nächster Gelegenheit, wenn das eintreffende Glutamat die Tore öffnet, in den Dendriten einzuströmen.

Das hat eine wichtige Konsequenz: Es hat zur Folge, daß synchron eintreffende Impulse wirksamer sind, als die Addition von 2 + 2 vermuten lassen würde: Die Summe könnte statt dessen 6 oder 8 betragen (Willkommen im Reich der Nichtlinearität!). Eine *wiederholte* Beinahe-Synchronisation zweier Inputs ist sogar noch effektiver, weil die Zellen die Magensiumstöpsel dadurch wechselseitig aus ihren Kanälen treiben können. Derartige wiederholte synchrone Inputs von *Gelb Eins* und *Gelb Zwei* könnten sehr rasch in der Lage sein, einen Impuls in *Gelb Drei* auszulösen.

Die wiederholte gegenseitige Erregung über eine Standarddistanz und die Zunahme der synaptischen Verstärkung bei NMDA-Kanälen passen zueinander wie die Hand zum Handschuh – alles infolge der Tendenz zur Synchronisation. Neu auftretende Eigenschaften entwickeln sich häufig gerade aus solchen Verknüpfungen von scheinbar Unverbundenem.

Wir haben nun drei aktive Neuronen, die die Eckpunkte eines gleichseitigen Dreiecks bilden. Aber es könnte drüben auf der anderen Seite von *Gelb Eins* und *Zwei*, wiederum in der Entfernung von 0,5 Millimetern, ein viertes Neuron geben. Bisher liegen noch nicht viele Daten darüber vor, wieviele Axonzweige von einer einzelnen Pyramidenzelle ausgehen – aber wenn man von oben auf eine gefärbte und sorgfältig rekonstruierte Pyramidenzelle hinabblickt, so sieht man Zweige in vielen Richtungen abgehen. Daher müßte es in etwa 0,5 Millimetern Entfernung vom Neuron einen ringförmigen Erregungswall geben. Zwei derartige Ringe, deren Zentren 0,5 Millimeter voneinander entfernt liegen – wie die Zentren von *Gelb Eins* und *Zwei* –, weisen zwei Schnittpunkte auf, genau wie in dieser Übung aus dem

Geometrieunterricht, in der es darum geht, eine Strecke in zwei gleiche Teile zu teilen.

Daher wäre es nicht erstaunlich, wenn es *Gelb Eins* und *Gelb Zwei*, sobald sie ihre Aktivität synchronisiert haben, gelänge, ein *Gelb Vier* zu rekrutieren, genauso, wie sie es schon mit *Gelb Drei* gemacht haben. Andere Neuronen liegen am Hot Spot des Paares, das von *Gelb Eins* und *Gelb Drei* gebildet wird; vielleicht schließt sich ein *Gelb Fünf* dem Chor an, wenn es bereits genügend andere Inputs erhält, um die gepaarten Inputs in den Bereich seiner Schwelle zu heben. Wie Sie sehen, gibt es eine Tendenz, eine *aus Dreiecken bestehende Anordnung* von häufig synchronisierten Neuronen zu schaffen, die sich unter Umständen einige Millimeter weit über die Oberfläche des Cortex erstreckt.

Da ein Neuron von sechs weiteren Neuronen umgeben sein kann, die ihm alle befehlen, zu einem bestimmten Zeitpunkt zu feuern, verfügen wir über eine Fehlerkorrektur: Selbst wenn ein Neuron versucht, etwas anderes zu tun, wird es in das Chormuster zurückgezwungen, das von seinen beharrlichen Nachbarn etabliert worden ist. Das ist im Grunde ein Verfahren zur Fehlerkorrektur und damit genau das, was das *Faux*-Fax braucht – wenn bloß die langen corticocorticalen axonalen Endigungen täten, was die lokalen axonalen Endigungen tun: sich etwa alle 0,5 Millimeter auffächern, statt an einem Punkt zu enden.

Und sie fächern sich tatsächlich im gleichen Muster auf – in etwa dem richtigen Abstand.

Der Begriff „Konvergenzzonen" für assoziative Gedächtnisinhalte führt zu der Frage, wie die Identität eines raumzeitlichen Codes während der Übertragung der Botschaft über weite Entfernungen, beispielsweise über das Corpus callosum von der linken in die rechte Gehirnhälfte, gewährleistet bleibt. Verzerrungen des raumzeitlichen Musters durch das Fehlen präziser

Fehlerkorrektur via „Kristallisation"

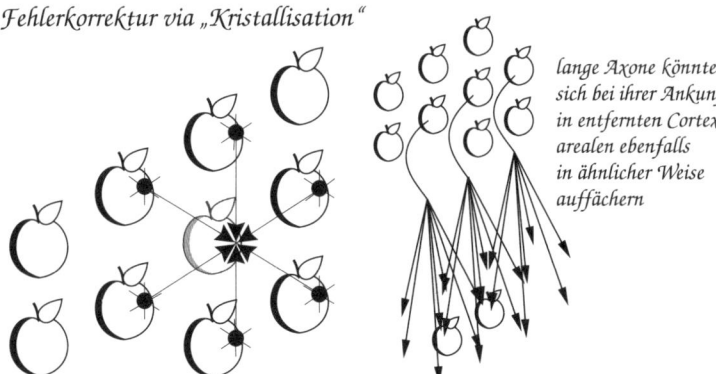

*lange Axone könnten
sich bei ihrer Ankunft
in entfernten Cortex-
arealen ebenfalls
in ähnlicher Weise
auffächern*

*Horizontale Verbindungen in den
oberen Schichten verstärken die
Übereinstimmung durch wiederholte synchrone Inputs*

*Faux-Fax:
Impulsmuster werden selbst dann
rekonstruiert, wenn nur 2 oder 3
(von 7) Inputs gleichzeitig eintreffen*

topographischer Angaben (die axonalen Endigungen fächern sich stets auf und enden nicht in einem einzigen Punkt) oder Verluste im Laufe der Zeit (die Leitungsgeschwindigkeiten sind nicht einheitlich) sind möglicherweise unwichtig, wenn die Information nur in die eine Richtung fließt – in diesem Fall wird ein beliebiger Code in dieser Bahn einfach durch einen anderen beliebigen Code ersetzt.

Da die Verbindungen zwischen entfernten Cortexbereichen jedoch typischerweise (sechs von sieben Bahnen) hin und zurück verlaufen, muß jede Verzerrung des ursprünglichen raumzeitlichen Impulsmusters während der Übertragung in der einen Richtung auf dem Weg zurück kompensiert werden, um das charakteristische raumzeitliche Muster als den lokalen Code für einen sensorischen oder motorischen Plan aufrechtzuerhalten. Sie könnten die Verzerrungen durch eine inverse Umwandlung korrigieren, genau wie beim Dekomprimieren eines komprimierten Computerfiles. Oder Sie könnten die Verzerrung durch den bereits erwähnten Fehlerkorrekturmechanismus beseitigen. Oder Sie könnten einfach mit verschiedenen Codes leben, die dasselbe meinen, wie Namen und Spitznamen – das nennt man einen degenerierten Code; ein Beispiel wären die sechs verschiedenen DNA-Tripletts, die alle für Leucin codieren. Ich habe früher immer angenommen, daß jede dieser Alternativen wahrscheinlicher ist als ein Fehlerkorrekturschema, aber damals war mir nicht bewußt, wie einfach eine Fehlerkorrektur aus der Kristallisation erwachsen kann, die bei gegenseitiger Erregung und synchronisationsabhängigen NMDA-Kanälen zu erwarten ist.

Stellen Sie sich eine Anordnung von optischen Fasern vor, die ein Rindenfeld mit seinem Gegenstück in der anderen Gehirnhälfte verbindet. Technische Faseroptikbündel zerlegen ein Bild in Punkte und transportieren dann getreulich jeden Punkt über eine weite Strecke, so daß Sie, wenn Sie auf das Ende des Faserbündels blicken, ein Muster aus leuchtenden Punkten sehen, das identisch mit demjenigen am Vorderende ist.

Ein Axon ist schon wegen all der „Sprosse" an jedem Ende keine Lichtleitung. Es endet nicht in einem Punkt: Ein einzelnes Axon fächert sich in viele Endigungen auf und verteilt sich über Makrokolumnendimensionen. Echte Axone sind auch nicht wie ein kohärentes Faseroptikbündel, wo Nachbarn getreulich Nachbarn bleiben; echte Axone können sich miteinander verflechten, so daß ein Punkt vom rechten Wege abkommt und am falschen Zielort endet. Bei echten Axonen variiert zudem die Leitungsgeschwindigkeit ein wenig: Impulse, die gemeinsam auf den Weg geschickt wurden, können zu verschiedenen Zeiten am Zielort eintreffen und dadurch das raumzeitliche Muster verzerren.

Doch infolge der Fähigkeit zur Fehlerkorrektur ist davon am entfernten Ende eines corticocorticalen Bündels vermutlich nicht sehr viel zu spüren. Was übermittelt wird, ist dank dieser Dreieck-Anordnungen am Ursprungsort ein *redundantes* raumzeitliches Muster. Jeder Punkt am Zielort kann einen Input von einem exakt zielgerichteten Axon erhalten, plus bis zu sechs Inputs von Nachbarn, die am Ursprungsort 0,5 Millimeter vom ersten Axon entfernt liegen; ja, einige Impulse gehen unterwegs verloren, andere treffen zu spät ein, aber ein Empfängerneuron beachtet vornehmlich die wiederholten, synchronen Inputs – vielleicht bedarf es nur einiger weniger derartiger Inputs, um das Impulsmuster vom Ursprungsort zu reproduzieren, wobei Nachzügler und Verirrte konsequent ignoriert werden.

Sobald ein kleiner Abschnitt des raumzeitlichen Musters am Zielort wiederhergestellt ist, kann er sich ausdehnen, um, wie bereits erklärt, ein größeres Territorium zu klonen. Daher macht es die synchronisierte Dreieck-Anordnung trotz nachlässiger Verdrahtung möglich, raumzeitliche Muster über große Entfernungen im Cortex zu übermitteln – vorausgesetzt, Sie starten mit etwa einem Dutzend räumlichen Wiederholungen des raumzeitlichen Musters und enden am Zielort mit einem genügend großen Territorium desselben Musters.

Wie groß kann eine derartige Anordnung von Neuronen werden? Sie könnte auf ihr ursprüngliches Brodmann-Areal beschränkt bleiben, wenn sich das Sprungintervall an der Grenze ändert. Beispielsweise beträgt das Sprungintervall im primären visuellen Cortex von niederen Affen 0,43 Millimeter, nebenan im sekundären visuellen Areal jedoch 0,65 Millimeter; eine Rekrutierung von Zellen über die Grenze hinweg funktioniert möglicherweise nicht, aber das ist eine empirische Frage – die Antwort darauf werden wir einfach abwarten müssen. Und das Rekrutieren neuer Neuronen für die Dreieck-Anordnung erfordert Kandidaten, die sich bereits ein wenig für die Banane interessieren.

Daher ist die Dreieck-Anordnung der Gelbs vielleicht nicht viel größer als der Teil der Sehrinde, die das Bild der gelben Banane empfängt. Die Neuronen, die sensibel für die Orientierung von Linien sind, haben vielleicht gerade dasselbe gemacht: Mehrere von ihnen haben ihre Aktivität synchronisiert, einen Chor prädisponierter Nachbarn rekrutiert und so ein weiteres Dreieck mit 0,5 Millimeter Kantenlänge gebildet, dessen Zentrum an anderer Stelle liegt. Für jedes separat entdeckte Merkmal der Banane gäbe es demnach eine andere Dreieck-Anordnung – wobei nicht unbedingt alle dieselbe Ausdehnung auf dem Cortex hätten. Wenn man auf den flach ausgebreiteten Cortex blickt (und annimmt, daß eine Minikolumne aufleuchtet, wenn ein Impuls abgefeuert wird), würden wir eine Menge flakkernder Lichter sehen.

Wenn wir unser Gesichtsfeld auf einen Kreis mit einem Durchmesser von 0,5 Millimetern beschränkten, würden wir wohl kaum viel Synchronizität sehen, nur eines der Gelb-Neuronen, das ein paarmal pro Sekunde feuert, eines der Linien-Neuronen, die ein dutzendmal pro Sekunde feuern, und so weiter. Wenn wir unser Gesichtsfeld aber auf mehrere Millimeter ausdehnten, würden wir ein halbes Dutzend Punkte sehen, die gleichzeitig aufleuchten, und dann eine andere Gruppe, die aufleuchtet. Jedes spezifische Merkmal hat seine eigene Dreieck-Anordnung; zusammen bilden die verschiedenen Anordnungen das Bananen-Komitee.

Beachten Sie, daß sich das ursprüngliche Komitee aus Gelb- und Linien-Neuronen auf ein Gebiet von mehr als 0,5 Millimeter Durchmesser verteilt haben könnte – damals, bevor die Rekrutierungsphase begann und weitere Neuronen hinzukamen. Selbst wenn das ursprüngliche Komitee über einige Millimeter verstreut war, entsteht dank der Dreieck-Anordnungen ein Einheitsmuster, das viel kleiner ist (und sich potentiell leichter rekonstruieren läßt, wenn das Muster erneut abgerufen wird). Wir haben den Code letztlich kompakter gemacht, als er ursprünglich war, und gleichzeitig redundante Kopien hergestellt. Das hat einige interessante Folgen.

Wir haben nun ein raumzeitliches Muster, das etwas mit der Repräsentation einer Banane zu tun hat, aber ist das der *cerebrale Code* für Banane? Der cerebrale Code ist für mich das kleinste Muster, das nichts Wichtiges ausläßt – das elementare Muster, aus dem sich die Dreieck-Anordnungen von Gelb- und Linien-Neuronen rekonstruieren lassen.

Wenn wir uns näher heranzoomen, so daß sich unser Gesichtsfeld auf die flackernden Minikolumnen beschränkt, welche Fläche wird es an dem Punkt bedecken, an dem wir keine synchronisierten Minikolumnen mehr finden können? Dieser Punkt ist bei etwa 0,5 Millimeter erreicht, aber die Fläche ist kein Kreis von 0,5 Millimeter Druchmesser – sie ist ein Sechseck, dessen parallele Seiten einen Abstand von 0,5 Millimetern haben. Das ist eine einfache Frage der Geometrie: Korrespondierende Punkte (sagen wir, die oberen rechten Ecken) hexagonaler Fliesen bilden Dreiecke miteinander. Alles, was größer ist als das Sechseck, umfaßt redundante Punkte, die zu einer anderen Dreieck-Anordnung gehören (und wir würden in diesem Falle manchmal zwei synchronisierte Punkte in unserem begrenzten Gesichtsfeld finden).

Das elementare Muster wird das Sechseck in der Regel nicht ausfüllen. (Ich stelle mir das Muster als ein Dutzend aktiver Minikolumnen – von 100 oder mehr Minikolumnen pro Sechseck – vor; die überwiegende Mehrheit muß stumm bleiben, damit das Muster nicht verschwimmt). Wir könnten den Verlauf der Grenzen nicht erkennen, so daß wir kein Wabenmuster sähen, wenn wir auf die Großhirnrinde herabblickten, während ein Territorium geklont würde. Wenn Tapetendesigner ein sich wiederholendes Muster entwickeln, achten sie darauf, daß man die Grenzen nicht leicht ausmachen kann, so daß das Gesamtmuster nahtlos erscheint. Obgleich die Dreieck-Anordnungen die Verbindungen herstellen und das Kompaktmuster schaffen, sieht es aus, als ob Sechsecke geklont würden.

Die Synchronisation in Dreieckform hält nicht unbedingt sehr lang an – es ist eine flüchtige Form der Organisation, und sie kann während bestimmter Phasen eines EEG-Rhythmus, die mit einer Abnahme der corticalen Erregbarkeit einhergehen, erlöschen. Wenn wir ein raumzeitliches Muster rekonstruieren wollen, das verschwunden ist, können wir es vom Inneren zweier benachbarter Sechsecke aus starten – tatsächlich können wir dabei von jedem beliebigen benachbarten Sechseckpaar ausgehen, das ursprünglich zum Bananen-Mosaik gehört hat. Es muß nicht das Originalpaar sein. Die Gedächtnisspur – die wesentlichen Bodenwellen und Spurrillen für die Rekonstruktion des raumzeitlichen Musters – könnte so klein sein wie die Verschaltung von zwei benachbarten Sechsecken.

So könnte wiederholtes Kopieren des Minimalmusters eine Region in ähnlicher Weise kolonialisieren, wie ein Kristall wächst oder sich ein elementares Muster auf einer Tapete wiederholt. Wenn sich die Melodie oft genug wiederholt, bevor sie abbricht, könnte die LTP so nachklingen, daß das raumzeitliche Muster hier oder dort problemlos erneut gestartet werden kann.

Wenn das räumliche Muster relativ dünn ist, könnten sich mehrere cerebrale Codes (sagen wir, die beiden für Apfel und Mandarine) überlagern, so daß eine Kategorie wie Frucht entsteht. Wenn Sie mehrere Briefe aus einen Nadeldrucker übereinanderlegen, erhalten Sie ein schwarzes Durcheinander. Wenn die Matrix jedoch nur schwach ausgefüllt ist, können Sie die einzelnen Elemente wahrscheinlich wiederfinden, weil jedes von ihnen ein ganz typisches raumzeitliches Muster produziert.

Daher könnte dieser Codetyp auch für das Ausbilden von Kategorien praktisch sein, die sich in einzelne Beispiele zerlegen lassen, genauso, wie man aus sich überlagernden Melodien oft Einzelmelodien heraushören kann. Dank des Telekopieraspekts können Sie multimodale Kategorien schaffen, die beispielsweise all die Begriffsinhalte von *Kamm* umfassen.

Nach Ansicht meines Freundes Don Michael heißt Meditieren nichts anderes, als mit Hilfe eines Mantras ein großes Mosaik von Nonsens-Codes zu schaffen, die keine sinnvollen Resonanzen oder Assoziationen aufweisen. Wenn Sie dieses Mosaik lang genug aufrechterhalten können, um die Alltagssorgen aus Ihrem Bewußtsein zu verbannen, indem Sie diesen temporären Spurrillen zu verschwinden erlauben, eröffnet Ihnen dies vielleicht einen neue Möglichkeit, Zugang zu Spurrillen des Langzeitgedächtnisses zu finden, ohne durch kurzlebige Anliegen behindert zu werden.

Dieser schöne Zustand des unbetroffenen In-sich-weilens ist fürs erste leider nicht von Dauer. Er droht von innen her zerstört zu werden. Wie aus dem Nichts entspringend, tauchen unversehens Stimmungen, Gefühle, Wünsche, Sorgen, ja sogar Gedanken in sinnloser Mischung auf, und je entlegener und befremdender sie sind und je weniger sie mit dem zu tun haben, wofür man die Bewußtheit aufs Spiel setzt, um so hartnäckiger hängen sie sich ein... Allein auch hier gelingt es, diese Störung dadurch unwirksam zu machen, daß man, ruhig und unbekümmert fortatmend, sich mit dem, was zum Vorschein kommt, freundlich einläßt, sich daran gewöhnt, ihm gleichmütig zuzusehen lernt und des Zusehens endlich müde wird.

EUGEN HERRIGEL,
Zen in der Kunst des Bogenschießens, *1990*

Aus dieser Analyse der oberflächlichen Pyramidenzellen ergeben sich einige attraktive Möglichkeiten: Donald Hebb wäre
begeistert gewesen, weil sich so einige der rätselhaftesten
Aspekte von Kurz- und Langzeitgedächtnis über Zellverbände
erklären lassen (die Gedächtnisspur wird in distributiver Weise
gespeichert, so daß kein bestimmter Ort entscheidend für den
Rückruf der Erinnerung ist). Die Gestaltpsychologen hätten die
Art und Weise geschätzt, in der diese Neuronen durch die Dreieck-Anordnung, die sich potentiell über die Objektgrenzen hinaus erstreckt, den Vergleich von Figur und Hintergrund ermöglichen; sie bilden ein raumzeitliches Muster, das Figur und Hintergrund kombiniert, statt nur das eine oder das andere darzustel-
len.

Charles Darwin und William James hätten meines Erachtens
die Vorstellung gemocht, daß am geistigen Leben Kopierwettbewerbe beteiligt sind, deren Ausgang von einer facettenreichen
Umwelt beeinflußt wird. Sigmund Freud hätte sich vielleicht für
den Mechanismus interessiert, der zu erklären vermag, wie sich
unterbewußte Assoziationen manchmal in den Vordergrund des
Bewußtseins drängen.

Wenn ich auch meine, daß divergentes Denken der wichtigste
Anwendungsbereich für die neocorticale Darwin-Maschine ist,
lassen Sie mich doch zuerst aufzeigen, wie sie ein Problem aus
dem Bereich des konvergenten Denkens bearbeiten könnte. Stellen Sie sich vor, daß etwas an Ihnen vorbeizischt und unter
einem Stuhl verschwindet. Sie meinen, es sei rund gewesen und
vielleicht orange oder gelb, aber es bewegte sich sehr schnell,
und jetzt ist es verschwunden, so daß Sie keinen zweiten Blick
darauf werfen können. Was war es? Wie stellen Sie eine Vermutung auf, wenn die Antwort nicht auf der Hand liegt? Ihr mentaler Prozeß benötigt dazu erst einmal einige Kandidaten; die muß
er vergleichen und herausfinden, welcher der plausibelste ist.

Glücklicherweise läßt sich diese Frage durch einen Klonierungswettbewerb entscheiden. Es existiert ein cerebraler Versuchscode für das Objekt, der von all den Merkmaldetektoren gebildet wird, die es aktiviert hat: von Farbe, Form, Bewegung und vielleicht auch vom Klang, mit dem es über den Boden hüpfte. Dieses raumzeitliche Muster beginnt nun damit, sich sozusagen selbst zu klonen.

Ob es nebenan einen Klon ausbilden kann, hängt von den dortigen Resonanzen ab, diesen Bodenwellen in der Straße, die von den Mustern der synaptischen Verstärkungen und von dem, was sonst noch in diesem Cortexareal vor sich geht, vorgegeben werden. Wenn Sie ein derartiges Objekt schon früher häufig gesehen haben, kommt es vielleicht zu einer perfekten Resonanz – aber das ist hier nicht der Fall. Doch der cerebrale Versuchscode hat Spezialkomponenten wie *rund*, *gelb* und *schnell* ausgemacht. Tennisbälle weisen solche Attribute auf, und Sie erhalten eine gute Tennisballresonanz, daher fallen die benachbarten Areale in die Melodie für Tennisball ein (ein hübsches Merkmal von Attraktoren ist, daß etwas Beinahe-Passendes eingefangen und in das charakteristische Muster umgewandelt werden kann). Klonen bei schlechten Resonanzverhältnissen führt dazu, daß einige Komponenten fallengelassen werden, daher fängt Ihre Mandarinen-Resonanz vielleicht eine Variante in einem anderen Cortexflecken ein, obgleich die Farbe nicht ganz stimmt.

Wie steht es nun mit den Klonierungswettbewerben? Hier haben wir als Kandidaten UNBEKANNT, TENNISBALL und MANDARINE, deren cerebrale Codes sich nach Kräften klonen. Vielleicht tritt auch noch APFEL an: Wenn Sie einige Minuten zuvor jemanden einen Apfel haben essen sehen, dann gäbe es wegen der NMDA-Synapsen, die in diesem Muster verstärkt worden sind, temporäre Geleise für APFEL. Aber dann wird

APFEL vom Muster für *MANDARINE* überrollt, das sich eifrig weiterklont. Drüben auf der anderen Seite des gegenwärtigen Territoriums von *UNBEKANNT* hält sich *TENNISBALL* sehr gut, und schließlich überrennt und ersetzt er *UNBEKANNT* und dringt sogar in *MANDARINEs* Territorium vor. Etwa zu diesem Zeitpunkt sagen Sie sich: „Ich denke, es war ein Tennisball!", denn es gibt nun genügend Klone im *TENNISBALL*-Chor, um eine logische Botschaft über die corticocorticalen Bahnen vom

In einer mehrdeutigen Situation macht eine Darwin-Maschine Kandidaten aus und trifft Entscheidungen

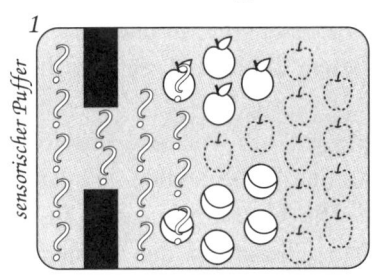

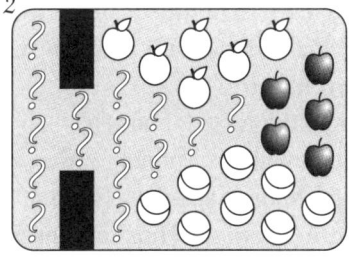

Ein hemmender Zaun verhindert die Fehlerkorrektur und ermöglicht Varianten am "Tor"

Drei Varianten, die von einem Attraktor eingefangen wurden, kommen als Kandidaten in Betracht

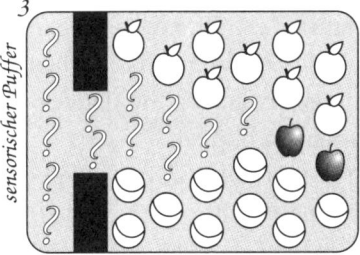

Daraus ergibt sich ein Wettbewerb, der von äußeren Einflüssen und verblassenden Spuren beeinflußt wird

Die kritische Masse ist erreicht: "Es war ein Tennisball!"

Hinterhauptlappen zum Schläfenlappen an Ihren linkshemisphärischen lateralen Sprachcortex zu senden.

Nun geschieht etwas anderes: Ein neues raumzeitliches Muster beginnt, sich durch den Arbeitsraum zu klonen; diesmal sehen Sie etwas sehr Vertrautes (den Stuhl), und rasch und ohne echte Konkurrenz etabliert sich ein kritischer Chor, der Stuhl signalisiert, denn das sensorische raumzeitliche Muster trifft auf eine Resonanz, bevor irgendwelche Varianten Zeit gehabt hätten, sich auszubilden. Die NMDA-Synapsen, die im *TENNIS-BALL-* und im *MANDARINEN*-Muster aktiviert waren, sind noch immer aufgeputscht, und während der nächsten fünf Minuten ist es leichter als gewöhnlich, eines dieser raumzeitlichen Muster in den Teilen des Arbeitsraumes zu rekonstruieren, die sie zuletzt besetzt hatten. Vielleicht fährt *MANDARINE* mit der Klonierung fort, macht dabei Fehler und trifft auf die *ORANGEN-FRUCHT*-Resonanz – so daß Sie sich eine Minute später vielleicht fragen, ob Sie sich mit diesem Tennisball nicht doch geirrt haben.

So könnte es ablaufen – so stelle ich mir vor, wie unsere unterbewußten Vorgänge manchmal eine halbe Stunde zu spät einen Namen aus dem Hut zaubern. Die Musterresonanzen ähneln in gewisser Hinsicht unserer Vorstellung von der Art und Weise, wie Fortbewegung im Rückenmark erzeugt wird: Es existiert eine Verknüpfungsstruktur – all diese synaptischen Verstärkungen zwischen den verschiedenen Neuronen –, und vorausgesetzt, gewisse Startbedingungen sind erfüllt, können Sie in Resonanz mit dem raumzeitlichen Muster fallen, das Gehen hervorruft. Bei anderen Startbedingungen beginnen Sie stattdessen zu joggen, zu traben, zu rennen oder zu hüpfen.

Im sensorischen Cortex könnten Sie auf *ORANGE* oder *MANDARINE* verfallen, selbst wenn Sie eine Frucht sehen, die keines von beiden ist. Wie in Kapitel 5 bereits erwähnt, sind Kategorien der Grund dafür, daß Japaner so viel Schwierigkeiten mit den englischen (beziehungsweise deutschen) Lauten *r* und *l* haben: Beide Laute werden von der mentalen Kategorie für ein bestimmtes japanisches Phonem eingefangen. Die Realität wird rasch durch mentale Modelle ersetzt. Wie Henry Thoreau meinte: »Wir hören und begreifen nur das, was wir bereits halb wissen.«

Der Cortex besitzt Übung darin, neue Muster, seien sie sensorisch oder motorisch, schnell zu erlernen und zu variieren. Diese Variationen ermöglichen Wettbewerbe, in denen es um die Entscheidung geht, welches Muster am besten mit den Verknüpfungsstrukturen in Resonanz gebracht werden kann, die ihrerseits häufig von einer Reihe sensorischer Inputs und emotionaler Triebkräfte beeinflußt werden.

Auch Beziehungen können von raumzeitlichen Mustern codiert werden – genauso wie sensorische oder motorische Schemata. Man braucht nur verschiedene Codes zu kombinieren, um ein neues beliebiges Muster zu schaffen, so wie man eine rechtshändige Melodie mit einem linkshändigen Rhythmus überlagern kann.

Die *lingua ex machina* aus Kapitel 5 bot einige Beispiele dafür, welch komplexe Beziehungen (etwa in einem Satz) es geben kann – all diese obligatorischen und fakultativen Rollen. Die obligatorischen Argumente eines Verbs wie *geben* sagen etwas über Beziehungen aus, und eine kognitive Dissonanz ergibt sich, wenn eine obligatorische Rolle unbesetzt bleibt (wie leider auch Werbeagenturen entdeckt haben; *Gib ihm* zwingt Sie, den Werbetext nochmals zu lesen, um herauszufinden, was Sie übersehen haben, und führt dazu, daß Sie sich besser an die Anzeige erinnern).

Ist ein Satz also nichts anderes als ein einziges großes, raumzeitliches Muster, das sich in Konkurrenz mit anderen Satzcodes nach Kräften klont? Ja, aber nicht immer. Um eine Entscheidung zu fällen, ist kein Kopierwettbewerb erforderlich; solange nichts besonders Neues mitspielt, sollten einfache Rateschemata genügen. Erinnern Sie sich an den Kormoran aus Kapitel 2: Rateschemata reichen für die Entscheidungen, die er zu treffen hat, völlig aus, weil die möglichen Alternativen (schwimmen, tauchen, Flügel trocknen, wegfliegen, etwas länger verweilen) im Laufe der Evolution über Generationen hinweg bereits gut ausformuliert worden sind. Kopierbare Schemata sind nicht alles, wenn Sie erst einmal nahe genug an eine Standardbedeutung herangekommen sind.

Die oberen Cortexschichten weisen bei vielen Primaten die Standard-Intervallverdrahtung auf, die auf kurzlebige Dreieck-Anordnungen schließen läßt. Es ist nicht bekannt, wie oft irgendein Tier diese Verdrahtung benutzt, um tapetenartige hexagonale Muster zu klonen; vielleicht geschieht dies nur kurzzeitig, während der pränatalen Entwicklung – als eine Art Testmuster, das nutzungsabhängige Verbindungen steuert und dann nie wieder auftritt. Vielleicht sind einige Cortexregionen auch Vollzeitspezialisten und klonen niemals solche kurzlebigen Muster, während andere Regionen Kopierprozesse nach allen Seiten unterstützen und zu einem immer wieder neu gestaltbaren Arbeitsraum für formende darwinistische Prozesse werden. Da Klone von Bewegungskommandos besonders für Wurfbewegungen vorteilhaft wären (Rauschminderung beim Timing), gab in der Hominidenevolution die Wurfgenauigkeit vielleicht einen Selektionsdruck, der auf große Arbeitsräume hinwirkte. All dies sind empirische Fragen. Wenn wir erst einmal das Auflösungsvermögen unserer Ableittechniken gesteigert haben, werden wir sehen, ob hexagonales Klonen im Spektrum des Möglichen liegt.

Doch irgend etwas, das solchen Klonierungswettbewerben sehr nahe kommt, ist notwendig, um die sechs Kriterien für die Darwin-Maschine zu erfüllen – das ist der eigentliche Grund, warum ich den Leser durch dieses corticale Labyrinth geführt habe. Hier haben wir endlich 1. ein charakteristisches Muster, 2. einen Kopiervorgang, 3. Variation, 4. einen möglichen Wettstreit um Arbeitsraum, 5. multifaktorielle Umweltbedingungen (sowohl gegenwärtige als auch erinnerte), um den Wettbewerb zu beeinflussen, und 6. eine Folgegeneration, in der Varianten, die von den Klonen mit den größten Territorien etabliert worden sind, wahrscheinlicher sind als andere (große Territorien haben eine längere Begrenzungslinie, und das sind genau die Bereiche, wo Varianten den Bestrebungen zur Fehlerkorrektur entkommen und mit der Klonierung ihrer neuen Muster beginnen können).

In einem längeren Buch, in dem sich alles um die neocorticale Darwin-Maschine (*The Cerebral Code*) dreht, gehe ich ausführlich auf den Pep und den Drive ein, die uns die cerebralen Analoga von Sex, Inseln und Klimaveränderungen bringen. Und Drive brauchen wir, wenn ein darwinistischer Prozeß im Gehirn schnell genug arbeiten soll, um unsere Piagetsche Intelligenz des richtigen Ratens zu verwirklichen.

Wir versuchen weiterhin, die Großhirnrinde in spezialisierte „Expertenmodule" einzuteilen. Es ist eine gute Forschungsstrategie, nach Spezialisierungen zu suchen, aber ich glaube nicht, daß sie uns einen Überblick darüber vermittelt, wie der Assoziationscortex arbeitet. Wir brauchen ständig neu nutzbare Arbeitsräume, und wir müssen Helfer für schwierige Aufgaben rekrutieren können. Das läßt vermuten, daß alle „Expertenmodule" auch Generalisten sind – vergleichbar einem Neurochirurgen, der auch in der Notfallaufnahme Dienst tut. Einer der Aspekte, die mir am kurzlebigen hexagonalen Mosaik gefallen, ist, daß es möglicherweise einen Ausweg aus dem Experten-Generalisten-Dilemma bietet: Selbst ein corticales Areal mit eingefahrenen Geleisen, wie sie für „Experten" typisch sind, könnte als Arbeitsraum dienen, indem es übergelagerte kurzlebige Spurrillen benutzt, um Wettbewerbe in seinem Sinne zu beeinflussen.

Ein derartiges Mosaik zeigt auch, welch verschlungene Wege unterbewußte Gedanken nehmen und gelegentlich irgendeine wichtige Tatsache aus der Vergangenheit in Ihren Bewußtseinsstrom einfließen lassen könnten. Und was das Wichtigste ist: Der Flickenteppich ist kreativ, weil die Varianten selbst ihren Weg zum zeitweiligen Erfolg klonen können – er kann sich aus bescheidenen Anfängen in etwas qualitativ Hochwertiges verwandeln. Vermutlich können sich dabei sogar höhere Formen von Beziehungen, wie Metaphern, entwickeln, weil die cerebralen Codes beliebig sind und die Fähigkeit besitzen, neue Kombinationen auszubilden. Wer weiß – vielleicht haben Sie inzwischen schon einen cerebralen Code für Umberto Ecos Mac-PC-Analogie erworben.

Die synchronisierten Dreieck-Anordnungen mit ihren interessanten Konsequenzen für darwinistische Kopierwettbewerbe haben, wie sich herausstellte, auch Folgen für eine komplexe Sprache und verleihen damit der Intelligenz aus einer anderen Richtung potentiell Auftrieb.

Von der Protosprache (Seite 106) zu unserer voll ausgereiften syntaktischen Sprache ist es ein großer Schritt, doch Linguisten bezweifeln, daß es Zwischenschritte gibt. Selbst bei ausreichendem Wortschatz ist die Protosprache kaum strukturiert und basiert vorwiegend auf simplen, sich aus dem Kontext ergebenden Assoziationen zwischen wenigen Worten, um ihre Botschaft zu übermitteln. Dem System Struktur zu geben macht einen großen Unterschied aus.

Ein Gehirnmechanismus für rekursive Einbettung (so wie ein Satz in einem Satz: *Ich glaube, ich sah ihn die Wirtschaft verlassen, um nach Hause zu gehen*) gilt als essentiell für die Universalgrammatik. Unter den anderen Desideraten der Linguisten sind Mechanismen für satzübergreifende Abhängigkeiten (Dependenzen); dazu gehört auch die Übereinstimmung (Kongruenz) von Pronomen mit ihren Bezugselementen. Eine derartige Übereinstimmung erfordert über den Nahbereich hinausgehende Bindeglieder; zudem erfordert es das rekursive Einbetten, eine strukturelle Hierarchie dieser Bindeglieder zu konstruieren. Wenn man davon ausgeht, daß die visuellen Begriffsinhalte von *Kamm* in der Nähe des visuellen Cortex gespeichert sind, seine akustischen Aspekte in der Nähe der auditorischen Areale, und so weiter, dann sind an vielen Assoziationsversuchen wahrscheinlich nichtbenachbarte Großhirnareale beteiligt.

Dennoch sind corticocorticale Axonbündel viel schlechter als die inkohärenten Faseroptikbündel, in denen Nachbarn keine Nachbarn bleiben. Punkt-zu-Punkt-Zuordnungen gehen wahrscheinlich auch deshalb verloren, weil sich das terminale Ende eines jeden Axons ähnlich dem Lichtkegel einer Taschenlampe auffächert. Trotz der auftretenden Inkohärenz können einige der verzerrten Muster vermutlich mit einer gewissen Erfahrung am distalen Ende decodiert werden, wobei Mechanismen eingesetzt werden, die denjenigen der kategorealen Wahrnehmung analog sind. Das sollte die Übermittlung von gut eingeübten Spezialfällen ermöglichen, wie es die Signalflaggen der Seeleute tun — wenn auch vielleicht nur ein paar zur selben Zeit, was die möglichen neuen Assoziationen einschränkt, die zwischen Großhirnarealen übermittelt werden könnten. Einbettung würde sich auf Standardphrasen beschränken. Diese inkohärente Ebene corticocorticaler Fähigkeit müßte in der Lage sein, Protosprache zu handhaben.

Aber der Mechanismus zur Fehlerkorrektur (Seite 189f) bietet die Möglichkeit, beliebige raumzeitliche Muster durch das corticocorticale Bündel zu schicken – und gleich beim ersten Versuch Erfolg zu haben, so daß man nicht länger auf die räumlich und zeitlich verzerrten Muster beschränkt ist, die vom Zielcortex als sinnvolle Spezialfälle identifiziert worden sind. Solche corticocorticale Kohärenz würde bedeuten, daß neue Assoziationen übermittelt werden können. Weiterhin würden Ursprungs- und Zielregion jetzt dasselbe raumzeitliche Impulsmuster teilen; der Zielcortex könnte dieses Muster mit gleicher Fehlerkorrektur zurücksenden, und es würde automatisch im Ursprungscortex erkannt werden, ohne sich auf eine doppelt verzerrte Version einstimmen zu müssen und dann ein Äquivalent des ursprünglichen raumzeitlichen Impulsmusters zu konstruieren.

Dank Rückmeldungen, die denselben Code benutzen, ist es Ihnen möglich, mit einem Chor zu arbeiten, zu dem auch entfernte Chormitglieder beitragen, so daß die Mitgliederzahl über einer kritischen Größe gehalten wird. Ein rückprojizierter Gesang braucht nicht voll ausgestaltet sein, um seinen Teil zum Chor beizusteuern. Er könnte der Technik des Wechselgesangs gleichen, bei der eine einzelne Stimme den nächsten Vers vorgibt und das Publikum ihn mehrstimmig wiederholt. Rückprojektionen liefern auch eine Möglichkeit, Mehrdeutigkeiten zu klären. („Wer hat da X gesagt? Singt das Ganze noch mal!") Mit Bindegliedern, die die Satzstruktur erhalten, wird eine Einbettung möglich: Es besteht nicht länger die Gefahr, daß das mentale Modell der Acht-Worte-Kombination „*The tall blond man with one black shoe*" („Der hochgewachsene blonde Mann mit dem einen schwarzen Schuh") zu „*A blond black man with one tall shoe*" („Ein blonder schwarzer Mann mit einem hochgewachsenen Schuh") verdreht wird.

Corticocorticale Präzision ist daher *per se* ein Kandidat für den großen Schritt von der Protosprache zur Sprache (wenn Sie auch noch immer eine Menge einfacher Regeln auf der Ebene der Argumentstruktur benötigen). Tatsächlich könnten beim Übergang zu einer beliebigen Codeübermittlung zwei entscheidend wichtige Neuerungen der Universalgrammatik – Einbettung und satzübergreifende Bindeglieder – in einem einzigen Schritt verwirklicht worden sein. Daher verfügen wir nun über mehrere Kandidaten – Darwin-Maschinen und kohärente corticocorticale Verbindungen – dafür, was Intelligenz und Sprache vorangetrieben und dazu geführt haben könnte, daß sich vor rund 250 000 Jahren die wenig innovative Kultur des *Homo erectus* zu der sich ständig wandelnden Kultur des *Homo sapiens* weiterentwickelt hat.

> *Am Ende all unserer Forschungen müssen wir noch einmal versuchen, die menschliche Seele als Seele zu erfahren und nicht nur als ein bioelektrisches Summen, den menschlichen Willen als Willen und nicht nur als ein Aufwallen von Hormonen, das menschliche Herz nicht als fasrige, klebrige Pumpe, sondern als metaphorisches Organ der Erkenntnis. Wir müssen nicht an sie als metaphysische Wesenheiten glauben – sie sind so real wie das Fleisch und Blut, aus denen sie bestehen. Aber wir müssen an sie als Wesenheiten glauben; nicht als analysierte Fragmente, sondern als Ganzes, das durch unser Nachsinnen über sie real wird, durch die Worte, die wir gebrauchen, um über sie zu sprechen, durch die Art und Weise, in der wir sie in Sprache verwandelt haben. Wir müssen sie voller Ehrfurcht als unantastbar ansehen, selbst wenn sie vor unseren Augen zerschnitten werden.*
>
> MELVIN KONNER, *1991*

8 Übermenschliche Intelligenz

Natürlich, wenn mein „Selbst" nur ein Bündel von Instinkten bekannter Anzahl und bestimmter Größe ist, dann lassen Sie mich dieses Bündel sauber verschnüren und das Beste daraus machen; wenn aber diese flüchtige Persönlichkeit mit ihren seltsamen und befriedigenden Sehnsüchten und Rückfällen und Kämpfen und dem Gefühl für das Ewige nicht nur eine Maschine mit verschleißbaren Rädern und mit einer bestimmten maximalen Leistungsfähigkeit ist, sondern ein lebendes, unendlich variables Ding, das sich ständig den Umständen anpaßt, zu unberechenbarer Vollendung oder pathetischer Niedertracht fähig ist, in gewissem Sinne Meister seines Schicksals – wenn seine Freiheit keine Illusion und seine Fähigkeit zur spirituellen Erfahrung keine Lüge ist, dann sollten wir nicht in den alten Irrtum der mechanistischen Materialisten zurückverfallen.

CHARLES E. RAVEN, The Creator Spirit, *1928*

Unser Geist ist lebendig, und aufgrund dieses dynamischen Darwinismus unseres geistigen Lebens können wir uns täglich neu erfinden. Dieses Leben des Geistes, das zu Beginn des Buches ein wirres Durcheinander war, wird nun vielleicht als darwinistischer Prozeß auf hohem Niveau vorstellbar, ein Prozeß, der in der Lage ist, Charles Ravens Selbstbewußtsein zu schaffen. Eine derartige geistige Tiefe und Flexibilität könnte sich aus den sich klonenden cerebralen Codes entwickeln, die mit anderen cerebralen Codes um Territorium konkurrieren und neue Varianten ersinnen.

Es ist kein Computer, jedenfalls nicht im üblichen Sinne einer zuverlässigen Maschine, die ihre Handlungen getreulich wiederholen kann. Für die meisten Menschen ist es etwas Neues im mechanistischen Reich, völlig ohne passende Analogie – abgesehen von den anderen darwinistischen Prozessen, die wir kennen. Aber man kann ein Gefühl dafür bekommen, wie es ist: Auf die (entfaltete) Oberfläche des Cortex herabzublicken, müßte so sein, als ob man ein Mosaik betrachtet – einen dynamischen Flickenteppich, dessen Flicken niemals zur Ruhe kommen. Bei genauerer Betrachtung sieht jeder Flicken wie ein Tapetenmuster aus, das sich wiederholt, aber jede Mustereinheit ist dynamisch, ein flackerndes raumzeitliches Muster statt des traditionellen statischen Musters. Die Grenzen zwischen benachbarten Flicken des Teppichs sind manchmal stabil, manchmal beweglich, wie die Frontlinie in einer Schlacht. Manchmal, wenn die Dreieck-Anordnungen homologe Punkte nicht länger synchronisieren, verblassen die Einheitsmuster in einem Gebiet – und ein anderes Einheitsmuster, das auf keine Konkurrenz trifft, erobert rasch das verlassene Territorium.

Der aktuelle Gewinner dieses Kopierwettstreits, derjenige mit dem größten, um die Aufmerksamkeit der Output-Bahnen wetteifernden Chor, ist ein guter Kandidat für das, was wir als „Bewußtsein" bezeichnen. Unsere wandernde Aufmerksamkeit könnte ein jeweils anderer Klon sein, der sich in den Vordergrund schiebt, unser Unterbewußtsein die anderen aktiven Muster, die gegenwärtig nicht dominant sind. Keine bestimmte Region im Cortex ist sehr lange das „Zentrum des Bewußtseins"; rasch übernimmt eine andere Region diese Funktion.

Die veränderlichen Mosaike stellen offenbar auch einen guten Kandidaten für Intelligenz dar. Unter den raumzeitlichen Mustern, die sie ausbilden, sind die Kommandos für neue Bewegungen. Die sich entwickelnden Mosaike können eine neue Ordnung à la Horace Barlow entdecken, da raumzeitliche Muster variieren, um neue Resonanzen zu finden. Die Mosaike können Handlungen in der realen Welt à la Kenneth Craik simulieren, da der cerebrale Code für einen Bewegungsplan mit den Resonanzen von Erinnerungen im Langzeitgedächtnis und den momentanen sensorischen Eingangssignalen abgestimmt werden kann. Sie erfüllen Jean Piagets Maxime für Intelligenz: Situationen handhaben, in denen nicht offensichtlich ist, was man als nächstes tun soll.

Und Mosaike haben den „Ausgang-ungewiß"-Aspekt unseres mentalen Lebens – beispielsweise, wenn wir neue Ebenen der Komplexität entwickeln, Kreuzworträtsel lösen oder Symbole zusammensetzen (wie es bei Gedichten der Fall sein kann), um neue Bedeutungsebenen zu schaffen. Da die cerebralen Codes nicht nur sensorische und motorische Schemata repräsentieren können, sondern auch Ideen, können wir uns vorstellen, wie treffende Metaphern entstehen, können verstehen, wie Coleridges »willing suspension of disbelief« (etwa: „gewolltes Aufheben des Zweifels") stattfindet, wenn wir ins imaginäre Reich der Fiktionen eintreten.

Cerebrale Codes und darwinistische Prozesse waren das, was ich zu Beginn dieses Buches im Sinn hatte, als ich die Hypothese aufstellte, daß der Leser am Ende des Buches vielleicht in der Lage ist, sich einen Vorgang vorzustellen, der zu Bewußtsein führen und schnell genug operieren könnte, um eine rasch funktionierende Intelligenz hervorzubringen, die gut im Raten ist. In diesem letzten Kapitel geht es um die Folgen, die sich aus einer Vergrößerung unseres Gehirns und der Schaffung künstlicher Analoga ergeben. Aber lassen Sie mich mit einem Seitenblick auf konkurrierende Erklärungsstile beginnen.

Die angesehenste Form der Erklärung – die eine, die alle Wissenschaften anstreben (wenn auch manchmal in unangebrachter Weise) – ist abstrakt und mathematisch. Es ist sicherlich eindrucksvoll, wenn jemand aus einem Satz abstrakter Definitionen und Axiome eine in die Zukunft weisende Kette von Schlußfolgerungen entwickeln kann. Von Platos Ideal ausgehend, versuchten Descartes und Kant zu verstehen, wie der Verstand mathematisch funktionieren könnte. Wir stehen offenbar endlich an der Schwelle zur Beantwortung solcher Fragen.

Aber es gibt seit langem Angriffe, die sich gegen die ganze wissenschaftliche Richtung wenden – Angriffe, die heftig wiederaufflammen werden, wenn Wissenschaftler versuchen, den menschlichen Verstand zu erklären. Die Visionen, die Mystiker und Irrationalisten von der Wahrheit haben, entspringen der Erleuchtung, nicht der wissenschaftlichen Deduktion; diese Leute sehen die Wahrheit der Wissenschaft als im Vergleich zu derjenigen, die durch reine Kontemplation errungen wird, als zweitrangig und unangemessen an. Eine zweite Angriffsfront leitet sich von der Dogmatik her; Galilei geriet nicht wegen seiner astronomischen Erkenntnisse in Schwierigkeiten, sondern weil seine wissenschaftliche Methodik der ständigen Herausforderung und des ständigen Infragestellens gerade das Konzept der offenbarten Wahrheit bedrohte, das Religionen benutzen, um ihre Weltsicht ewig und innerlich kohärent zu machen. Dann gibt es da noch eine Strömung, die der Literaturkritiker George Steiner den Angriff der „romantischen Existentialpolemik" nannte – Nietzsches Präferenz von instinktiver Weisheit gegenüber steriler Deduktion oder Blakes Kritik an Newtons Optik des Regenbogens. Eine vierte Angriffslinie sieht überall Hintergedanken oder behauptet, die Wahrheit hänge von politischen Standpunkten ab.

Dies sind im Grunde Attacken, die von einer Argumentations-basis außerhalb der wissenschaftlichen Tradition ausgehen; ihre modernen Anhänger werden sich sicherlich unserer alltäglichen wissenschaftlichen Sprachverwirrungen bemächtigen und versuchen, sie auszuschlachten, genauso, wie fundamentalistische Christen die Evolutionsbiologie attackieren. Derartige Erklärungsstile konkurrieren schon seit langem mit der Wissenschaft, wobei sie einige kurzfristige Siege erzielt (so wie La Mettries Exil) und viele endgültige Niederlagen erlitten haben. Spuren aller vier Argumentationslinien lassen sich heute in Bewegungen finden, die von Leuten gegründet wurden, die sich aus dem Zeitalter der Vernunft verabschiedet haben.

Daher müssen wir versuchen, unsere wissenschaftlichen Erklärungen klar zu formulieren und keine falschen Oppositionen zu schaffen – man denke nur an den scheinbaren Konflikt zwischen einer Evolution via genetischer Mutation und einer Evolution via natürlicher Selektion, eine unnötige Konfusion, die Jahrzehnte andauerte, bis sie in den vierziger Jahren durch die moderne synthetische Theorie der Evolution gelöst wurde. Wir müssen vermeiden, mathematische Konzepte zu benutzen, die eher verwirren als erleuchten; wir müssen uns vor „Beweisen aus Mangel an Phantasie" hüten, das heißt, wir müssen vermeiden, aus Überheblichkeit oder Ungeduld zu schlußfolgern, daß es zu der Antwort, die wir gefunden haben, keine Alternativen gibt. Wenn es um das Gehirn geht, müssen wir sorgsam darauf achten, daß wir unsere Theorien auf der richtigen mechanistischen Erklärungsebene formulieren.

Demnach wäre die Beschreibung auf Ebene der Neuronen, die das zur Zeit gängige Bild vom Gehirn und Geist liefert, lediglich ein Schatten *der tieferliegenden Vorgänge im Zellskelett – und auf dieser tieferen Ebene wäre dann die physikalische Grundlage für den Geist zu suchen.*

ROGER PENROSE, Schatten des Geistes, 1995

Ich bin mir sicher, einige Bewußtseins-Physiker oder ecclesiastische Neurowissenschaftler werden trotz all der vorangegangenen Kapitel noch immer behaupten, daß ein Geist in der Maschine nötig ist, der diese Dutzend Zwischenniveaus mehrschichtiger Stabilität überspringt, um der rätselhaften Quantenmechanik eine führende Rolle zu garantieren, dort drunten in den Mikrotubuli des neuronalen Cytoskeletts, wo irgendein immaterieller Geist mit der biologischen Maschinerie des Gehirns ein Interface bilden kann. Tatsächlich vermeiden solche Theoretiker gewöhnlich das Wort „Geist" und erzählen etwas über Quantenfelder. Ich würde gerne den Kompromiß eingehen, „Rätsel" zu sagen, wobei ich Dan Dennetts Definition gebrauchen möchte: ein Phänomen, von dem Leute nicht wissen, wie sie darüber denken sollen. Alles, was die Bewußtseins-Physiker erreicht haben, ist, ein Rätsel durch ein anderes zu ersetzen; bisher ist es nicht ersichtlich, wie sich Teile ihrer Erklärungen kombinieren ließen, um andere Phänomene zu erklären.

Und selbst wenn sie ihre Theorie verbessern, würden uns irgendwelche Effekte in synchronisierten Mikrotubuli nur einen weiteren Kandidaten für die einheitliche Natur unserer bewußten Erfahrung liefern – einen Kandidaten, der in mechanistischen Details mit den Erklärungen auf anderen Ebenen konkurrieren muß und der mit ihnen auch um die öffentliche Aufmerksamkeit konkurrieren muß. Der darwinistische Prozeß hat anscheinend, soweit wir sehen, die richtigen Eigenschaften, um die Erfolge und Mißerfolge wichtiger Aspekte des Bewußtseins zu erklären.

Wir werden wohl weiterhin diese ermüdenden Debatten erleben, in denen ein Philosoph versucht, einen anderen Philosophen bei der Streitfrage über den Tisch zu ziehen, ob eine Maschine jemals irgend etwas wirklich verstehen kann, ob Maschinen jemals in der Lage sein werden, unsere Art von Bewußtsein zu erlangen. (Zumindest wird er versuchen, ihn in eine Ecke zu drängen oder ihn mit einem Wall von Worten einzumauern.) Selbst wenn alle Wissenschaftler und Philosophen darüber übereinstimmten, wie Geist im Sinne von Verstand (englisch: *mind*) aus dem Gehirn erwächst, würde die Komplexität des Themas die meisten Leute dennoch leider dazu verleiten, diese Komplexität zu abstrahieren, indem sie ein leichter vorstellbares Konzept wie Geist im Sinne von Seele (englisch: *spirit*) benutzen. Vermutlich teilen sie die Empfindungen des Buchkritikers, der (vielleicht rhetorisch) meinte: »Ist der digitale Computer nur eine einfachere Version des menschlichen Gehirns, wie viele Theoretiker behaupten? Wenn er das tatsächlich ist, dann sind die Folgerungen, die sich daraus ergeben, beängstigend.«

Beängstigend? Ich persönlich finde Ignoranz beängstigend. Sie hat ein bedeutendes Sündenregister aufzuweisen, denken Sie nur daran, wie früher Geisteskrankheiten mit dämonischer Bessenheit „erklärt“ wurden, denken Sie an all diese Hexenprozesse und an das Wüten der Inquisition. Wir brauchen dringend eine Metapher, die uns mehr nützt als ein quantenmechanisches Rätsel; wir brauchen eine Metapher, die die Lücke zwischen unserem empfundenen geistigen Leben und den dafür verantwortlichen neuronalen Mechanismen erfolgreich überbrückt. Bisher haben wir, genau besehen, zwei Metaphern benötigt: eine „Von-oben-nach-unten“-Metapher, die Gedanken auf Neuronenensembles abbildet, und eine „Von-unten-nach-oben“-Metapher, die dem Rechnung trägt, wie Ideen aus solchen scheinbar chaotischen Neuronenensembles erwachsen. Aber die neocorticale Darwin-Maschine könnte durchaus beide Metaphern abdecken – falls sie wirklich der kreative Mechanismus im Inneren ist.

Die Theorie von der neocorticalen Darwin-Maschine trifft meines Erachtens die richtige Erklärungsebene; sie ist nicht unten auf der Ebene von Synapse oder Cytoskelett angesiedelt, sondern oben auf der Ebene der Dynamik, wo sich Zehntausende von Neuronen an der Generierung der raumzeitlichen Muster beteiligen, die die Vorläufer der Bewegung und damit des Verhaltens in der Welt außerhalb des Gehirns sind. Dazu kommt, daß die Theorie viele Phänomene erklären kann, die in einem Jahrhundert Hirnforschung zusammengetragen wurden, und die zudem überprüfbar ist (mit verbesserter räumlicher und zeitlicher Auflösung der Abbildungsverfahren zur Darstellung des Gehirns oder Verbesserungen bei der Anordnung von Mikroelektroden).

Der darwinistische Prozeß wird seinem Wesen nach zumindest von Biologen weitgehend als kreativer Mechanismus verstanden. Wir hatten ein gutes Jahrhundert lang Zeit, um zu erkennen, wie mächtig derartige Kopierwettbewerbe sein können, wenn es darum geht, im Zeitrahmen von Jahrtausenden aus zufälligen Variationen etwas qualitativ Hochwertiges zu schaffen. In jüngerer Zeit konnten wir denselben Prozeß im Zeitrahmen von Tagen und Wochen arbeiten sehen: bei Immunreaktionen, wenn es um die Schaffung besserer Antikörper geht. Daß diese neocorticale Darwin-Maschine im Zeitrahmen von Millisekunden bis Minuten operieren kann, ist nur ein weiterer Wechsel der Größenordnung; wir sollten unser Verständnis dessen, was der darwinistische Prozeß leisten kann, von der Evolutionsbiologie und der Immunologie auf die zeitliche Dimension von Gedanke und Handlung übertragen.

Mir scheint, die Übernahme des Standpunktes, den William James hinsichtlich unseres geistigen Lebens vertrat, ist seit langem überfällig. Aber viele Leute, Wissenschaftler eingeschlossen, halten noch immer an einer Schmalspurversion des Darwinismus fest; sie setzen ihn mit rein selektivem Überleben gleich (Darwin trug leider zu der Konfusion bei, indem er seine Theorie nur nach dem fünften der sechs Kriterien benannte). Ich hoffe, es ist mir in diesem Buch gelungen, alle wesentlichen Umstände, darunter auch die beschleunigenden Aspekte eines darwinistischen Prozesses, zusammenzufassen und dann einen spezifischen neuronalen Mechanismus zu beschreiben, der einen solchen Prozeß im Neocortex von Primaten hervorbringen könnte. Dafür, daß es sich bei meiner neocorticalen Darwin-Maschine tatsächlich um einen Mechanismus und nicht nur um eine verbesserte Metapher handelt, spricht momentan, daß die corticale Neuroanatomie und die Prinzipien gekoppelter Oszillatoren gut zu den sechs Kriterien eines darwinistischen Prozesses samt den beschleunigenden Faktoren passen.

Ob dies der wichtigste Prozeß ist, der im Gehirn abläuft, oder ob ein anderer Prozeß Bewußtsein und richtiges Einschätzen dominiert, ist schwer zu sagen; es mag einen Prozeß ohne Vorläufer in Biologie oder Computerwissenschaften geben – einen, den wir uns nicht vorstellen können, ohne zuvor einige intermediäre Metaphern zu finden. Ich nehme an, daß der Prozeß des „Managens" der Klonierungswettbewerbe – um Psychosen oder Stagnation zu vermeiden – seine eigene Metaebene der Beschreibung erfordert. (Ich denke nicht an einen „Manager" im üblichen Sinne des Wortes, sondern an die Art und Weise, wie globale Wettermuster von Jetstreams oder von El Niño stark beeinflußt werden.) In psychologischer Terminologie könnte ein derartiges Management so etwas wie Ravens »flüchtige Persönlichkeit mit ihren seltsamen und befriedigenden Sehnsüchten und Rückfällen und Kämpfen« sein.

Zusammengesetzte cerebrale Codes, entstanden durch darwinistische Kopierwettbewerbe, könnten einen großen Teil unseres geistigen Leben erklären. Kopierwettbewerbe könnten der Grund dafür sein, warum wir Menschen viel mehr neue Verhaltensweisen an den Tag legen als andere Tiere (wir haben eine *Off-line*-Evolution nichtstandardisierter Bewegungspläne) und warum wir analoges Denken entwickeln konnten (Beziehungen selbst können Codes haben, die konkurrieren). Da sich cerebrale Codes aus Teilen zusammensetzen lassen, können Sie sich ein Einhorn vorstellen und sich daran erinnern (Bodenwellen und Spurrillen können den raumzeitlichen Code für Einhorn reaktivieren). Und was das Beste ist, ein darwinistischer Prozeß liefert eine Maschine für Metaphern: Sie können Beziehungen zwischen Beziehungen herstellen und daraus etwas Neues schaffen.

Eine derartige Erklärung für intelligentes Bewußtsein vermittelt uns einen gewissen Einblick in die Metaphern und Operationen in einem imaginären Reich. Und sie sollte uns etwas über die Verwandtschaft zwischen Gedanken und anderen mentalen Operationen lehren. Wenn die Erklärung, die ich vorgeschlagen habe, richtig ist, dann sind ballistische Bewegungen und Musik offenbar eng mit Gedanken und Sprache verknüpft. Wir haben bereits gesehen, daß die Betonung neuer Sequenzen eine nichtsprachliche natürliche Selektion ermöglicht, von der die Sprache profitiert (und umgekehrt). Derartige Überlappungen zwischen Mund-Gesicht-Bewegungssequenzen und Hand-Arm-Bewegungssequenzen (denken Sie an die apraxischen Aphasiker!) deuten darauf hin, daß beide Bewegungsfolgen dieselbe neuronale Maschinerie benutzen.

Entscheidend für meine Theorie ist demnach die Annahme, daß die neocorticale Darwin-Maschine sekundär für prospektive Bewegungen nichtballistischer Natur genutzt werden kann: für Planen im zeitlichen Rahmen von Sekunden, Stunden, Tagen, Laufbahnen. Derartige Planung erlaubt es, Kombinationen auszuprobieren, zu beurteilen, was falsch daran ist, sie zu verbessern, und so weiter. Individuen, die so etwas gut können, gelten als intelligent.

Jede Erklärung von Intelligenz müßte uns auch einen gewissen Einblick in andere Wege zu Intelligenz ermöglichen als die, denen das Leben auf Erden folgt: Kurz gesagt, daraus müßten sich Konsequenzen für künstliche Intelligenz (KI), für die Erweiterung der menschlichen und tierischen Intelligenz und vielleicht auch für die Suche nach Signalen von fremden Intelligenzen ergeben. Zum Thema „Intelligenz auf anderen Sternen" läßt sich noch nicht viel sagen, aber lassen Sie mich eine ethologische Perspektive entwickeln, die uns helfen könnte, über KI und erweiterte Intelligenz nachzudenken.

Eine Intelligenz, die (wie KI) von der Notwendigkeit befreit ist, Nahrung zu suchen und Raubfeinden zu entkommen, brauchte sich vielleicht gar nicht zu bewegen – und einer solchen Intelligenz fehlte dann möglicherweise die *Was-passiert-als-nächstes?*-Orientierung der tierischen Intelligenz. Wir lösen Bewegungsprobleme, und erst später in der Phylogenie wie auch in der Ontogenie denken wir über abstraktere Probleme nach, um die Zukunft vorherzusehen, indem wir erraten, was vor uns liegt.

Es mag andere Möglichkeiten geben, hohe Intelligenz hervorzubringen, aber die ballistische Wurfbewegung ist das Paradigma, das wir kennen. Es wird erstaunlicherweise nur selten in der psychologischen Literatur oder in der Literatur über künstliche Intelligenz erwähnt. Obgleich die Wurfbewegung eine lange intellektuelle Geschichte in der Hirnforschung aufweisen kann, stößt man viel häufiger auf Diskussionen über kognitive Funktionen, die einen passiven Beobachter betonen, der die sensorische Welt intellektuell analysiert. Aus den meisten Ansätzen, den Verstand zu erklären, spricht noch immer eine kontemplative Betrachtung der Welt, und sie kann – für sich allein gesehen – völlig irreführend sein. Die *Erforschung* der Welt einer Person, dieses dauernde Raten mit all den Zwischenentscheidungen, was als nächstes zu tun ist, muß in unsere intellektuelle Behandlung dieser Frage einfließen.

Es ist schwierig abzuschätzen, wie oft sich in evolutionären Systemen eine hohe Intelligenz entwickeln könnte, sei es hier auf der Erde oder irgendwo im Universum. Das Haupthindernis für eine derartige Diskussion, das die meisten Spekulationen sinnlos macht, besteht darin, daß wir gegenwärtig nicht wissen, wie in der Natur Sackgassen überwunden werden; leicht bleibt man in einem Gleichgewichtszustand gefangen oder fährt sich in einem Geleis fest. Und dann ist da noch die Forderung nach Kontinuität: Es muß gewährleistet sein, daß die Art bei jedem Schritt des Weges stabil genug bleibt, um sich nicht selbst zu zerstören, und konkurrenzfähig genug, um nicht gegen einen ausgemachten Spezialisten den Kürzeren zu ziehen.

Man kann Listen von Intelligenzattributen so weit aufblähen, daß sie wenig mehr aussagen als die Ergebnisse eines auf Menschen zugeschnittenen IQ-Tests, den man auf andere Arten (oder Computer) anwendet. Aber wir können heute etwas darüber sagen, welche physiologischen Mechanismen einem Gehirn helfen würden, richtig zu raten und eine neue Ordnung zu entdecken.

Wir könnten vielversprechende Arten (oder künstliche Schöpfungen, oder Schemata zur Erweiterung der Intelligenz) testen, indem wir zählen, wieviele Intelligenzelemente jeder Kandidat für sich verbuchen und wieviele Stolpersteine er vermeiden konnte. Meine aktuelle Prüfliste würde folgende Punkte betonen:

- Eine großes Repertoire an Bewegungen und Konzepten, wie etwa Wörter und andere Hilfsmittel. Aber selbst mit einem großen Wortschatz, wie er sich aus der kulturellen Teilhabe über eine lange Lebensspanne ergibt, benötigt eine hohe Intelligenz zusätzliche Elemente, um neue Kombinationen von hoher Qualität zu schaffen.

- Toleranz für ein schöpferisches Durcheinander, die einem Individuum erlauben würde, gelegentlich alten Kategorien zu entkommen und neue zu kreieren.

- Mehr als ein halbes Dutzend simultaner geistiger Arbeitsräume („Fenster") pro Individuum – genug, um zwischen Analogien auswählen zu können, aber nicht so viele, daß die Tendenz zum Chunking (Bündelung) und damit die Schaffung eines neuen Vokabulars verhindert würde.

- Wege, um neue Beziehungen zwischen den Konzepten in diesen Arbeitsräumen zu etablieren – Beziehungen, die komplexer sind als das *Ist-ein-* oder *Ist-größer-als*-Konzept, das viele Tiere begreifen können. Baumartige Strukturen sind für unsere Art von linguistischen Strukturen offenbar besonders wichtig. Unsere Fähigkeit, zwei Beziehungen zu vergleichen (Analogien zu bilden), erlaubt uns Operationen in einem metaphorischen Raum.

- Die Fähigkeit, etwas *off-line* auszuformen, bevor man es in der realen Welt in die Tat umsetzt – eine Prozedur, die auf irgendeine Weise die sechs darwinistischen Kriterien (*Muster*, die sich *kopieren*, *variieren* und *konkurrieren,* wobei der Wettstreit von multifaktoriellen *Umwelten* entschieden wird und die erfolgreichsten Muster die Ausgangspunkte für die nächste Runde von Varianten liefern) und einige beschleunigende Faktoren (Äquivalente von *Rekombination*, *Klimaveränderungen*, *Inseln*) in sich vereinigt, aber mit „Abkürzungen" arbeitet, so daß der darwinistische Prozeß auf der Ebene von Ideen statt von Bewegungen operieren kann.

- Die Fähigkeit, langfristige Strategien wie auch kurzlebige Taktiken zu formulieren, Zwischenzüge zu machen, die helfen, die Bühne für eine zukünftige Leistung vorzubereiten. Agenden zu entwickeln und ihre Fortschritte zu überwachen hilft sogar noch mehr.

Schimpansen und Bonobos fehlen möglicherweise ein paar dieser Elemente, aber sie weisen mehr davon auf als die gegenwärtige Generation von KI-Programmen.

Eine weitere Konsequenz meiner darwinistischen Theorie ist, daß wir selbst dann, wenn all diese Elemente vorhanden sind, eine beträchtliche Variation in Intelligenz erwarten würden, und zwar aufgrund individueller Unterschiede bei der Schaffung von Abkürzungen, beim Finden des geeigneten Abstraktionsniveaus für Analogien, bei der Verarbeitungsgeschwindigkeit und in der Ausdauer (*mehr* ist nicht immer *besser*; beispielsweise kann Langeweile dazu führen, daß sich bessere Varianten entwickeln).

Warum gibt es nicht mehr tierische Arten mit komplexen mentalen Zuständen? Es gibt natürlich eine Fantasy-Kultur, die von Comic strips genährt wird und selbst Insekten eine stumme Weisheit andichtet. Aber die Menschenaffen wären der Schrecken Afrikas, wenn sie nur über ein Zehntel unserer mentalen Fähigkeit zur Vorausschau verfügten.

Der Grund dafür, daß es nicht mehr hochintelligente Arten gibt, ist, so vermute ich, darin zu suchen, daß man eine Schwelle überwinden muß. Und dabei geht es nicht nur um den Rubikon der Gehirngröße oder um ein Körperbild, das Ihnen erlaubt, andere zu imitieren, oder um ein Dutzend anderer, über das Menschenaffenstadium hinausgehende Verbesserungen, die man bei Hominiden findet. *Ein wenig Intelligenz kann eine gefährliche Sache sein* – unabhängig davon, ob diese Intelligenz nun fremd, künstlich oder menschlich ist. Eine über das Menschaffenstadium hinausgehende Intelligenz muß dauernd zwischen zwei Risikozonen navigieren, genau wie die alten griechischen Seeleute, die zwischen einem Felsen auf dem ein Ungeheuer namens Skylla hauste, und einem Strudel namens Charybdis hindurchsteuern mußten. Die Turbulenzen, die gefährliche Neuerungen mit sich bringen, sind das offensichtlichste Risiko.

> »Nun, in unserer Gegend« sagte Alice, noch immer ein wenig atemlos, »kommt man im allgemeinen woandershin, wenn man so schnell und lange läuft, wie wir eben.«
> »Behäbige Gegend! Hierzulande *mußt du so schnell rennen, wie du kannst, wenn du am gleichen Fleck bleiben willst. Und um woanders hin zu kommen, muß man noch mindestens doppelt so schnell laufen!«*
>
> LEWIS CAROLL, Alice hinter den Spiegeln, *1963*

Die Gefahr, die vom Felsen ausgeht, ist subtiler: Ein Konservatismus nach dem Motto „Business as usual" ignoriert, was die Rote Königin Alice erklärt: daß man rennen muß, um am selben Fleck zu bleiben. Wenn Sie beispielsweise mit einem Boot Stromschnellen durchqueren, werden Sie meist rasch gegen einen harten Felsen geschleudert, wenn Sie langsamer werden als die Strömung im Hauptkanal. Auch Intelligenz ist ein Wettrennen mit den eigenen Nebenprodukten.

Unsere spezielle Form des Rennens ist die Vorausschau; sie ist unverzichtbar für die intelligente Verwalterschaft, die, wie der Evolutionsbiologe Stephen Jay Gould warnt, für unser langfristiges Überleben nötig ist: »Wir wurden nicht durch eigenes Verschulden oder durch bewußte Befolgung irgendeines kosmischen Plans, sondern durch die Macht eines glorreichen evolutionären Zufalls, den wir als Intelligenz begreifen, zu den Sachverwaltern der Kontinuität des Lebens auf der Erde. Wir haben uns zwar nicht um diese Rolle gerissen, aber wir können sie auch nicht ablehnen. Möglicherweise sind wir für eine derartige Verantwortung nicht gerüstet, doch wir müssen uns ihr stellen.«

Wenn wir schon von anderen intelligenten Arten sprechen, was ist mit denen, die wir selbst schaffen könnten? Ein menschlicher Verstand, eingebettet *in silicio*, eine Kopie der Feinstruktur des Gehirns eines Individuums, ist eine Möglichkeit, die einige Aufmerksamkeit erregt hat.

Ich hege den Verdacht, daß eine derartige „Unsterblichkeitsmaschine" – das „Herunterladen" (*downloading*) eines individuellen Gehirns in einen in gleicher Weise arbeitenden Computer – wahrscheinlich nicht besonders gut funktionieren wird. Selbst wenn wir Neurophysiologen irgendwann das Problem des „Auslesens" (*readout*) lösen sollten, wie es einige optimistische Physiker und Computerwissenschaftler für möglich halten, denke ich, daß Demenz, Psychosen und Schlaganfälle nur allzu wahrscheinlich sind, wenn die „wie im menschlichen Gehirn" arbeitenden Computerschaltkreise nicht sehr gut abgestimmt sind (und bleiben). Denken Sie nur an die menschlichen Wesen, die unter Obsessionen und Zwangshandlungen leiden: „Gefangen in einer endlosen Schleife" bekommt eine neue Bedeutung, wenn die psychiatrische Anstalt zeitlos und nicht länger durch die menschliche Lebensspanne begrenzt ist. Wer möchte auf diese Art Hölle setzen?

Weitaus besser ist es meines Erachtens, die grundsätzliche Natur des Kopierens über Generationen hinweg zu erkennen, des Kopierens von Genen wie auch von Memen. Richard Dawkins sah dies deutlich in seinem Buch *Das egoistische Gen*, wie es auch mein Freund, der Futurologe Thomas F. Mandel tat, als er sich an seine Freunde im Cyberspace wandte, während er mit zunehmend geringer werdenden Erfolgsaussichten gegen seinen Lungenkrebs ankämpfte.

»Ich hatte, um die Wahrheit zu sagen, eine andere Absicht als ich dieses Thema ansprach, eine, die sich durch fast alles zieht, was ich in den fünf Monaten, seitdem mein Krebs diagnostiziert wurde, *on-line* getan habe.

Ich stellte mir vor, daß mein physisches Selbst, wie das eines jeden anderen, nicht ewig überleben würde, und ich schätze, daß ich weniger Zeit haben werde, als die Tabellen der Lebensversicherungen uns zubilligen. Aber wenn ich hinausgreifen könnte und jedermann, den ich *on-line* kenne, berühren würde ..., könnte ich Teile und Stückchen meines virtuellen Selbst und der Meme, die Tom Mandel ausmachen, ausstreuen, und wenn mein Körper stürbe, würde ich nicht wirklich gehen müssen ... Teile von mir würden auch hier sein, als Teil dieses neuen Raumes.

Keine originelle Idee, aber was zum Teufels soll's, einen Versuch ist es wert, und vielleicht kann eines Tages irgendjemand aus all diesen Teilen eine Art Mandel-Larve rekonstruieren, und ich kann arrogant und stur und herzlich und mitleidig und all das sein, was ihr glaubt, daß ich sei.«

Mit den Ad-hoc-Schemata von KI könnte man auch intelligente Roboter produzieren. Aber ich denke, daß wir mit Hilfe von Prinzipien, die uns aus den Neurowissenschaften bekannt sind, einen Computer bauen können, der wie ein Mensch spricht, so liebenswert ist wie ein Haustier, in Metaphern denkt und zahlreiche Abstraktionsebenen meistert.

Die Mensch-Maschine der 1. Generation würde zumindest logisch denken, kategorisieren und gesprochene Sprache verstehen. Ich vermute, daß selbst Mensch-Maschinen der 1. Generation bereits erkennbar „Bewußtsein" besäßen und wahrscheinlich ebenso selbstbezogen wären wie wir. Ich meine damit nicht triviale Aspekte des Bewußtseins, wie Wachheit, Aufmerksamkeit, Sensibilität und Erregbarkeit. Und ich meine nicht die Selbst-Bewußtheit (*self-awareness*) in dem Sinne, daß ein Krebs weiß, daß sein Bein zu ihm gehört, die mir unwichtig erscheint. Auf sich selbst bezogenes Bewußtsein, also echtes Selbst-Bewußtsein (*self-consciousness*) läßt sich, glaube ich, leicht verwirklichen; zu schaffen, daß es zur Intelligenz beiträgt, dürfte schwieriger sein.

Ich denke, daß spätere Generationen von Mensch-Maschinen Aspekte von intelligentem Bewußtsein, wie steuerbare Aufmerksamkeit, mentales Probieren, Spracherwerb und Syntax, Abstraktion, Phantasie, unterbewußte Verarbeitung, „Was-wäre-wenn"-Planung, strategische Entscheidungsfindung – und insbesondere Geschichten entwickeln werden, wie wir Menschen sie uns selbst erzählen, wenn wir wach sind oder träumen.

Obgleich sie nach Prinzipien funktioniert, die denen in unserem Gehirn analog sind, müßte eine Mensch-Maschine so gewissenhaft konstruiert sein, daß sie, wenn Schwierigkeiten auftreten, abgeschaltet und wieder hochgefahren (*rebooted*) werden kann. Ich sehe bereits einen Weg, eine solche Maschine mit Hilfe der darwinistischen Kriterien und der corticalen Verknüpfungsmuster, die zu Dreieck-Anordnungen und damit zu hexagonalen Kopierwettbewerben zwischen Varianten und Hybriden führen, technisch zu realisieren. In dem Maße, in dem diese Funktionen viel schneller operieren, als sie es in unserem Gehirn mit seinem Millisekunden-Bereich tun, wird die Mensch-Maschine „übermenschliche" Fähigkeiten entwickeln. Falls solche Maschinen neue Ebenen der Organisation (Meta-Meta-phern!) erreichen, könnte dies Menschen den Weg weisen, denselben Schritt zu tun.

Aber das ist der einfache Teil – die Extrapolation bereits bestehender Trends in Computertechnologie, künstlicher Intelligenz plus neuropsychologisches und neurophysiologisches Verständnis des menschlichen Gehirns. Aus Wissen Weisheit zu gewinnen dauert natürlich viel länger, als aus Daten Wissen zu gewinnen. Und es sind dabei mindestens drei Hürden zu überwinden.

> *Die Welt der Zukunft wird ein noch kräftezehrenderer Kampf gegen die Grenzen unserer Intelligenz sein, keine komfortable Hängematte, in die wir uns hineinlegen und in der wir uns von unseren Robotorsklaven bedienen lassen können.*
>
> NORBERT WIENER, 1950

Eine Schwierigkeit wird darin bestehen sicherzustellen, daß eine übermenschliche Intelligenz in eine Ökologie paßt, die sich aus Tierarten zusammensetzt. Tiere, wie wir welche sind.

Uns betrifft es am meisten, denn der Konkurrenzdruck ist zwischen eng verwandten Arten am stärksten – das ist der Grund, warum heute keiner unserer *Australopithecus*- oder *Homo erectus*-Cousins mehr existiert, der Grund, warum nur zwei allesfressende Menschenaffenarten überlebt haben. (Die anderen Menschenaffen sind Vegetarier mit langem Verdauungstrakt, um die wenigen Kalorien aus ihrer ballaststoffreichen Nahrung zu extrahieren.) Unsere direkteren Vorfahren haben die anderen Menschenaffen- und Hominidenarten wahrscheinlich als lästige Konkurrenten empfunden und ausgelöscht, wenn das nicht Klimaveränderungen für sie besorgt haben.

»Jedes Rad und jedes Rädchen aufzubewahren« meinte der Umweltforscher Aldo Leopold 1948, »ist die erste Vorsichtsmaßnahme eines intelligenten Bastlers.«

Wenn neue technische Errungenschaften allmählich eingeführt werden, so daß niemand verhungert, wirken sie sich oft positiv aus. Früher war jedermann gewohnt, für den Eigenbedarf zu sammeln oder zu jagen, aber dank der Agrartechnologie ist der Prozentsatz der Bevölkerung, die in der Landwirtschaft arbeitet, in den Industrieländern auf etwa drei Prozent gesunken. Und das hat vielen Menschen ermöglicht, sich mit anderen Dingen zu beschäftigen. Die relativen Anteile dieser Beschäftigungen verändert sich mit der Zeit, wie sich mit der Verschiebung von Fabrikjobs zu Dienstleistungsjobs in den letzten Jahrzehnten gezeigt hat. Ein Jahrhundert früher waren die beiden größten Berufsgruppen in den entwickelten Ländern Landarbeiter und Haushaltsangestellte. Heute bilden diese Berufsgruppen nur noch einen kleinen Teil aller Beschäftigten.

Menschenähnliche Maschinen werden jedoch sogar einige der besser ausgebildeten Arbeiter ersetzen; diejenigen, die ungelernt oder unterdurchschnittlich intelligent sind, werden in Zukunft noch schlechtere Aussichten als heute haben. Aber derartige Maschinen ließen sich durchaus zum Nutzen der Menschheit einsetzen: Stellen Sie sich eine übermenschliche Unterrichtsmaschine als Assistenten des Lehrers vor, eine Maschine, die sich wirklich mit Schülern unterhalten kann und sich niemals bei Übungen und Wiederholungen langweilt, die immer daran denkt, die nötige Abwechslung zu bieten, um die Schüler bei der Stange zu halten, die das Angebot an die speziellen Bedürfnisse eines Schülers anpassen und routinemäßig nach Anzeichen für Entwicklungsstörungen, wie Dyslexie oder Hyperaktivität, suchen kann.

Silizium-Übermenschen könnten ihre Talente auch dazu verwenden, die nächste Generation von Übermenschen zu unterrichten, so daß sich via Variation und Selektion noch klügere Maschinen entwickeln; schließlich und endlich könnten die Stars unter den Siliziumschülern geklont werden. Jeder Klon würde anschließend etwas anders unterrichtet. Mit variierenden Erfahrungen entwickeln einige Maschinen vielleicht wünschenswerte Züge – Werte wie Geselligkeit oder Sorge um das menschliche Wohlergehen. Wieder könnten wir die „besten" Schüler auswählen und erneut klonen. Da beim Kopierprozeß auch Erinnerungen mitkopiert werden (das ist neben dem Neustarten der andere Vorteil einer Intelligenz *in silicio*), wäre Erfahrung kumulativ und wirklich lamarckistisch: Die Nachkommen müßten die Fehler der Eltern nicht wiederholen.

Werte sind die zweite Schwierigkeit: sich über Werte einigen und sie *in silicio* einpflanzen.

Mensch-Maschinen der 1. Generation werden so amoralisch sein wie Haustiere oder kleine Kinder – nur ungeformte Intelligenz und Sprachfähigkeit. Sie werden nicht einmal die ererbten Qualitäten aufweisen, die unsere Haustiere zu sicheren Hausgenossen machen. Wir Menschen werden von unseren Haustieren meist entweder als Mutter (im Fall von Katzen) oder als Rudelführer (im Fall von Hunden) behandelt; sie beugen sich uns. Dieser kognitive Irrtum ihrerseits erlaubt uns, von dem ihnen angeborenen sozialen Verhalten zu profitieren. Wir wünschen uns wahrscheinlich etwas Ähnliches in unseren intelligenten Maschinen, aber da sie in viel höherem Maße in der Lage sein werden, Unheil anzurichten, als es unsere Haustiere sind, benötigen wir in ihrem Falle wahrscheinlich echte Sicherungen – etwas Komplexeres als Leinen, Maulkörbe und Zäune.

Wie bauen wir Sicherungen ein, die so abstrakt sind wie Isaac Asimovs Robotergesetze? Nun, vermutlich wird man diese Starschüler über viele Generationen hinweg klonen müssen, ein Vorgang, der der Domestizierung des Hundes nicht unähnlich ist. Diese graduelle Evolution über viele übermenschliche Generationen hinweg könnte teilweise das biologische Erbe ersetzen, über das Mensch und Tier bei ihrer Geburt verfügen, und damit alle möglichen sozialschädlichen Tendenzen und risiko-

trächtigen Verhaltensweisen in Silizium-Übermenschen mini-
mieren.

Wenn das richtig ist, dann wird es viele Jahrzehnte dauern,
um von roher Intelligenz, wie sie diese menschenähnlichen Maschinen der 1. Generation zeigen, zu einem Sicher-ohne-dauern-
de-Überwachung-Übermenschen zu gelangen. Die frühen Modelle könnten clever und geschwätzig sein, ohne über Vorsicht
und Weisheit zu verfügen – eine sehr gefährliche Kombination,
potentiell sozialschädlich. Sie würden damit über die Fähigkeiten am oberen Ende der Intelligenzskala verfügen, ohne einen
Unterbau aus den hinreichend getesteten, evolutionären Vorgän-
gern dieser Fähigkeit zu besitzen.

> *Erkläre die Vergangenheit, erkenne die Gegenwart, sage die*
> *Zukunft voraus.*
>
> HIPPOKRATES VON KOS (460–377 v. Chr.)

Die dritte Schwierigkeit besteht darin, die Reaktionen der
Menschheit auf die wahrgenommene Herausforderung zu mäßi-
gen. Genauso, wie eine allzu enthusiastische Reaktion Ihres
Immunsystems auf ein Antigen durch Allergien und Autoim-
munerkrankungen Sie schädigen kann (das kann bis zum tödlichen anaphylaktischen Schock gehen), könnten menschliche
Reaktionen auf Silizium-Übermenschen zu einer enormen Bela-
stung in unserer gegenwärtigen Zivilisation führen. Sobald die
Mensch-Maschinen bereits eine bedeutende Rolle in der Wirtschaft spielten, würde eine ernsthafte Gegenreaktion das System zerstören, das den Landwirten erlaubt, uns 97 Prozent
Nichtlandwirte zu ernähren. Denken Sie daran, daß Hungersnö-
te töten, weil das Verteilungssystem versagt, nicht etwa deshalb,
weil es auf der Welt nicht genug Nahrungsmittel gibt.

Aber die Ludditen und *Sabots** des 21. Jahrhunderts werden auf Unterstützung durch einige fundamentale Merkmale der menschlichen Ethologie bauen können – Merkmale, die im Europa des 19. Jahrhunderts kaum eine Rolle spielten. Gruppen versuchen, sich gegeneinander abzugrenzen. Trotz des Nutzens, den eine gemeinsame Sprache mit sich bringt, haben die meisten Völker in der Geschichte die linguistischen Unterschiede zu ihren Nachbarn betont, um Freund von Feind unterschieden zu können. Sie können sicher sein, daß die Leute regelmäßig den Turing-Test einsetzen werden, um herauszufinden, ob am anderen Ende der Telephonleitung ein echter Mensch spricht. Man könnte Maschinen mit einer typischen Stimme ausstatten, um diese Angst zu dämpfen, aber das wäre nicht genug, um Spannungen nach dem Motto „Wir gegen Die" vorzubeugen.

Man könnte den Einsatz von intelligenten Maschinen und Übermenschen auch auf bestimmte Tätigkeiten beschränken. Ihr Einsatz in anderen Bereichen könnte einem Evaluationsprozeß unterzogen werden, der ein neues Modell sorgfältig gegen eine Stichprobe der realen menschlichen Gesellschaft testet. Wenn die Gefahr ernster Nebeneffekte derart groß und die Geschwindigkeit der Einführung potentiell hoch ist, wären wir gut beraten, Verfahren ähnlich denen zu übernehmen, wie sie das Bundesinstitut für Arzneimittel und Medizinprodukte einsetzt, um neue Medikamente und medizinische Geräte auf Wirksamkeit, Sicherheit und Nebenwirkungen zu testen. Das würde die Entwicklung der Technologie nicht so stark verlangsamen, wie es ihren weitverbreiteten Einsatz verlangsamen würde, und wür-

---

* Englische und französische Maschinenstürmer; von den *sabots*, den Holzschuhen, mit denen die Arbeiter die Maschinen stoppten, leitet sich der Begriff *Sabotage* ab (Anm. d. Ü.).

de damit eine Rücknahme erlauben, bevor sich eine zu große Abhängigkeit entwickeln kann.

Menschenähnliche Maschinen könnten einen eng begrenzten Handlungsspielraum erhalten; sie könnten strenge Auflagen für den Gebrauch des Internets und von Telephonnetzen bekommen. Es könnte eine Regel geben, daß der Output von Übermenschen, die nur eine Anfängerlizenz haben, erst mit eintägiger Verzögerung ins Netz eingespeist wird, um nur einige der „systemimmanenten" Risiken (*program trading hazards*) anzusprechen. Für einige besonders vorwitzige unter den Mensch-Maschinen brauchen wir vielleicht das Computeräquivalent der Sicherheitsmaßnahmen, wie man sie im biologischen Bereich beim Arbeiten mit tödlichen Viren vorschreibt.

Die Suche nach Wahrheit ist räuberisch. Es ist im wörtlichen Sinne eine Jagd, eine Eroberung. Es gibt einen beispielhaften Augenblick im Buch IV des Staates, *als Sokrates und seine Gesprächspartner eine abstrakte Wahrheit „in die Enge treiben". Sie frohlocken, wie Jäger, die ihre Beute entdeckt und gestellt haben ... [Selbst wenn es der wissenschaftliche Ethos verbietet] wird irgendwo, irgendwann ein Mann allein oder eine Gruppe von Männern, die der Droge des absoluten Denkens verfallen sind, versuchen, organisches Gewebe zu schaffen, um die Natur der Vererbung zu entschlüsseln, um die Nebelkammerspuren von Quarks zu erzeugen. Nicht um des Ruhmes willen, nicht um des Nutzens für die Menschheit willen, nicht im Namen von sozialer Gerechtigkeit oder Profit, sondern aufgrund eines Triebes, stärker als Liebe, stärker sogar als Haß, aus Wißbegierde. Um des Rätsels willen, um seiner selbst willen.*

GEORGE STEINER, 1978

Diese Überlegungen münden in der Frage: „Was ist denn nun die eigentliche Aufgabe unserer Gesellschaft?" Menschen zu schaffen, die ihre Potentiale voll ausschöpfen können, indem man ihnen alle Hindernisse aus dem Weg räumt und die Erziehung optimiert? Oder Computer zu schaffen, die besser sind als Menschen? Vielleicht können wir beides tun (wie bei diesem Assistenten des Lehrers), aber während unserer halsbrecherischen Jagd nach dem Übermenschen – einer Hauptspielart der intelligenten Bastelei –, müssen wir die Menschheit schützen.

Die täglichen Vorsichtsmaßnahmen werden jedoch durch die verschiedenen Triebkräfte eingeschränkt, die uns zum intelligenten Basteln verführen:

- Neugier ist meine eigene primäre Motivation – wie kommt Intelligenz zustande? – und sicherlich auch die vieler Computerwissenschaftler. Aber selbst wenn sich diese Weil-es-da-ist-Neugier irgendwie an die Leine legen ließe (wie es verschiedene Religionen versucht haben), führen andere Antriebe in dieselbe Richtung.
- Die technologische Version des Rote-Königinnen-Effekts. Wenn wir die Technologie nicht verbessern, werden es andere tun. Historisch gesehen, hat das Verlieren eines technologischen Wettlaufs oft zur Folge, daß Sie von Ihrem Konkurrenten übernommen oder eliminiert werden – und ich spreche von Nationen, nicht von Wirtschaftsunternehmen. Wenn man von den Wachstumskurven ausgeht, die besagen, daß sich Geschwindigkeit und Megabytezahl digitaler Computer im Verlauf der letzten Jahrzehnte etwa alle 18 Monate verdoppelt haben, dann würde der Rest der Welt wahrscheinlich nicht langsamer werden, selbst wenn die Mehrheit sich dafür entscheiden würde. Wie man im Biotechnologie-Geschäft sagt: »Dann machen sie's eben woanders.«

- Die ernsten Umweltbedrohungen, denen sich unsere Zivilisation gegenübersieht, erfordern die Entwicklung riesiger Rechnerkapazitäten. Wenn es zu einer Verlagerung der ozeanischen Strömungen kommt, kann unser Klima innerhalb nur weniger Jahre „den Gang wechseln". Eine solche plötzliche Klimaveränderung (und die globale Erwärmung macht ein derartiges Szenario wahrscheinlicher, nicht etwa weniger wahrscheinlich) zum jetzigen Zeitpunkt würde den III. Weltkrieg auslösen, weil dann alle (nicht nur die Europäer) um „Lebensraum" kämpfen würden. Es ist im Interesse unseres eigenen Überlebens dringend geboten, daß wir lernen, wie man diesen klimatischen Gangwechsel aufschiebt. Die Großrechner, die man braucht, um ein globales Klimamodell zu erstellen, sind denjenigen sehr ähnlich, die man bräuchte, um Gehirnprozesse zu simulieren.

Ich sehe keine realistische Möglichkeit, wie wir Zeit schinden könnten, um diesen Übergang zum Übermenschen in einem gemächlicheren Tempo zu vollziehen. Daher müssen wir uns den Problemen mit superintelligenten Maschinen in den nächsten Jahrzehnten einfach sehenden Auges stellen und sie nicht aufschieben, indem wir den technologischen Prozeß verlangsamen.

Unsere Zivilisation wird natürlich im ultimativen Sinne des Wortes „Gott spielen": eine höhere Intelligenz entwickeln, als sie gegenwärtig auf Erden existiert. Das erlegt uns die Pflicht auf, ein behutsamer Schöpfer zu sein, weise gegenüber der Welt und ihrer zerbrechlichen Natur, wohlwissend, daß es eines festen Haltes bedarf, um ein Zurückgleiten zu verhindern, – und dieses Kartenhaus, das wir Zivilisation nennen, vor dem Kollaps zu bewahren.

Vor nur zweihundert Jahren konnten wir mit Hilfe der reinen Vernunft alles erklären – und nun ist diese harmonische Struktur vor unseren Augen zerfallen. Wir stehen sprachlos vor diesem Faktum... Wir haben grundlegende Fragen zu stellen gelernt und müssen sie um unserer Zivilisation willen beantworten. Die Antwort können wir nicht mehr in uns selbst suchen, denn da gibt es nicht genug zu suchen. Wir können nicht dort stehen bleiben, wo wir heute stehen, auf dem jetzigen Stand des Wissens. Wir können auch nicht zurück. Wir haben keine Wahl, wir können nur vorwärts gehen. Wir brauchen die Wissenschaft, mehr und bessere Wissenschaft, nicht wegen der Technik, nicht als Zeitvertreib, nicht einmal für Gesundheit und Leben, sondern um zu der Weisheit zu gelangen, die unsere Kultur erwerben muß, wenn sie überleben soll.

LEWIS THOMAS, *1979*

Literaturempfehlungen

Bickerton, D. *Language and Species*. Chicago (University of Chicago Press) 1990.

Bickerton, D. *Language and Human Behavior*. Seattle (University of Washington Press) 1995.

Calvin, W. H. *The Ascent of Mind: Ice Age Climates and the Evolution of Intelligence*. New York (Bantam) 1990. [Deutsch: *Der Schritt aus der Kälte. Klimakatastrophen und die Entwicklung der menschlichen Intelligenz*. München (Hanser) 1997.] World-Wide-Web-Links zu den meisten Werken des Autors unter **http://WilliamCalvin.com** und **http://weber.u.washington.edu/~wcalvin/**.

Calvin, W. H. *The Cerebral Code*. Cambridge, MA/London (MIT Press) 1996.

Calvin, W. H.; Ojemann, G. A. *Conversations With Neil's Brain: The Neural Nature of Thought and Language*. Reading, MA (Addison-Wesley) 1994. [Deutsch: *Einsicht ins Gehirn: wie Denken und Sprache entstehen*. München (Hanser) 1995.]

Churchland, P. M. *The Engine of Reason, the Seat of the Soul*. Reading, MA (Addison-Wesley) 1995. [Deutsch: *Die Seelenmaschine: eine philosophische Reise ins Gehirn*. Heidelberg/Berlin (Spektrum Akademischer Verlag) 1997.]

Dennett, D. C. *Consciousness Explained*. Boston/London (Little, Brown) 1991. [Deutsch: *Philosophie des menschlichen Bewußtseins*. Hamburg (Hoffmann und Campe) 1994.]

Dennett, D. C. *Darwin's Dangerous Idea*. New York (Simon & Schuster) 1995. [Deutsch: *Darwins gefährliches Erbe: die Evolution und der Sinn des Lebens*. Hamburg (Hoffmann und Campe) 1997.]

Donald, M. *Origins of the Modern Mind*. Cambridge, MA (Harvard University Press) 1991.

Flanagan, O. *Consciousness Reconsidered*. Cambridge, MA/London (MIT Press) 1992.

Freeman, W. J. *Societies of Brains*. Hove (Erlbaum) 1995.

Gould, J. L.; Gould, C. G. *The Animal Mind*. New York (Scientific

American Library) 1994. [Deutsch: *Bewußtsein bei Tieren. Ursprünge von Denken, Lernen und Sprechen.* Heidelberg/Berlin (Spektrum Akademischer Verlag) 1997.]

Hobson, J. A. *The Chemistry of Conscious States: How the Brain Changes its Mind.* Boston/London (Little, Brown) 1994.

Humphrey, N. K. *Consciousness Regained.* Oxford/New York (Oxford University Press) 1984.

Jackendoff, R. *Patterns in the Mind: Language and Human Nature.* New York (Basic Books) 1994.

Minsky, M. *The Society of Mind.* New York (Simon & Schuster) 1986.

Pinker, S. *The Language Instinct.* New York (Morrow) 1994. [Deutsch: *Der Sprachinstinkt: wie der Geist die Sprache bildet.* München (Kindler) 1996.]

Richards, R. J. *Darwin and the Emergence of Evolutionary Theories of Mind and Behaviour.* Chicago (University of Chicago Press) 1987.

Savage-Rumbaugh, S.; Lewin, R. *Kanzi: The Ape at the Brink of the Human Mind.* New York (Wiley) 1994. [Deutsch: *Kanzi – der sprechende Schimpanse. Was den tierischen vom menschlichen Verstand unterscheidet.* München (Droemer Knaur) 1995.]

Scientific American-Sonderhefte über das Gehirn (September 1979 und September 1992; vergleiche *Gehirn und Nervensystem. Heidelberg/Berlin (Spektrum Akademischer Verlag) 1988.*) und *Life in the Universe* (Oktober 1994).

Fachbücher

Churchland, P. S.; Sejnowski, T. J. *The Computational Brain.* Cambridge, MA/London (MIT Press) 1992.

Corsi, P. (Hrsg.) *The Enchanted Loom: Chapters in the History of Neuroscience.* Oxford/New York (Oxford University Press) 1991.

Finger, S. *Origins of Neuroscience: A History of Explorations into Brain Function.* Oxford/New York (Oxford University Press) 1994.

Gregory, R. (Hrsg.) *The Oxford Companion to the Mind.* Oxford/New York (Oxford University Press) 1987.

MacPhail, E. M. *The Neuroscience of Animal Intelligence.* New York (Columbia University Press) 1993. Der Intelligenzbegriff, wie wir ihn hier in diesem Buch verwenden, wird nur auf den letzten Seiten kurz angesprochen; meistens geht es um assoziatives Lernen in einfachen Systemen, um Gedächtnisforschung und um andere Voraussetzungen für Intelligenz.

Anmerkungen

1. Was soll ich als nächstes tun?

Seite 11 Kierkegaard, S. *Gesammelte Werke*. Düsseldorf (Diederichs) o. J.

Seite 11 Savage-Rumbaugh, S.; Lewin, R. *Kanzi: The Ape at the Brink of the Human Mind*. New York (Wiley) 1994, S. 255. [Deutsch: *Kanzi – der sprechende Schimpanse*. München (Droemer Knaur) 1995, S. 285.]

Seite 12 Damasio, A.; Tranel, D. *Nouns and Verbs are Retrieved with Differently Distributed Neural Systems*. In: *Proceedings of the National Academy of Sciences* (USA) 90 (1993) S. 4757–4760.

Seite 12 Intelligenzforscher vermeiden den Begriff „Bewußtsein": Von allen Autoren des *Handbook of Human Intelligence* (Stevenson, R. J. (Hrsg.), Cambridge University Press, 1982) erwähnt nur einer Bewußtsein ganz nebenbei.

Seite 14 Die Geschichte von La Mettrie und Descartes stammt aus Claudio Poglianos *Between Form and Function: A New History of Science of Man*. In: Corsi, P. (Hrsg.) *The Enchanted Loom: Chapters in the History of Neuroscience*. Oxford/New York (Oxford University Press) 1991, S. 144–157, Seite 145. [Siehe auch: La Mettrie, J. O. *Der Mensch eine Maschine* (zweisprachig). Leipzig (Reclam) 1984; Descartes, R. *Über den Menschen* (1632), Heidelberg (L. Schneider) 1969.]

Seite 17 Die Vorstellungen von William James aus den 70er Jahren des 19. Jahrhunderts sind zitiert in: Richards, R. J. *Darwin and the Emergence of Evolutionary Theories of Mind and Behaviour*. Chicago (University of Chicago Press) 1987, S. 433ff.

Seite 19 Zwergschimpansen oder Bonobos sind in einigen Zoos zu besichtigen, so in San Diego, Cincinnati, Washington D.C., Frankfurt, Hannover, Berlin und Antwerpen. In der Wildnis leben sie nur in einem kleinen sumpfigen Waldgebiet am Äquator (21–22° östlicher Länge), im Becken des Kongo in Kongo (Zaire). Es gibt dort keinerlei Schutzgebiete, und Bonobos gehören, obwohl sie ihrem Verhalten nach unsere engsten Primatenverwandten sind, zu den gefährdeten Arten. [Deutsch: *Die Bonobos und ihre weiblich bestimmte Gemeinschaft*. In: *Spektrum der Wissenschaft* (Mai 1995) S. 76–83.] Siehe Kapitel 4 von Savage-Rumbaugh und Lewin (1994) und de Waal, F. B. M. *Bonobo Sex and*

Society. In: *Scientific American* 272 (4) (März 1995), S. 82–88.
[Deutsch: *Die Bonobos und ihre weiblich bestimmte Gemeinschaft.* In:
Spektrum der Wissenschaft (Mai 1995) S. 76–83.] Siehe auch die Web-
Seite **http://weber.u.washington.edu/~wcalvin/bonobo.html**

2.   Die Evolution der richtigen Einschätzung

Seite 23   Gould, J. L.; Gould, C. G. *The Animal Mind.* New York
(Scientific American Library) 1994, S. 68–70. [Deutsch: *Bewußtsein bei
Tieren. Ursprünge von Denken, Lernen und Sprechen.* Heidelberg/Berlin
(Spektrum Akademischer Verlag) 1997, S. 82.]
Seite 24   Reed, T. E.; Jensen, A. R. *Conduction Velocity in a Brain
Nerve Pathway of Normal Adults Correlates With Intelligence Level.* In:
Intelligence 16 (1992), S. 14.
Seite 25   Eine gute Zusammenfassung zum Thema IQ und rassische
Unterschiede in einem Statement, das von Dutzenden führender Forscher
unterschrieben ist, findet man (ausgerechnet!) im *Wall Street Journal*, S.
A18 (13. Dezember 1994). Siehe Hunt, E. *The Role of Intelligence in
Modern Society.* In: *American Scientist* 83 (Juli–August 1995), S. 356–
368.
Seite 27   Barbara L. Finlay und Richard B. Darlington stellen in *Linked
Regularities in the Development and Evolution of Mammalian Brains*
(in: *Science* 268 (16. Juni 1995), S. 1578–1584) folgende These auf:
Wenn ein menschlicher Vorfahr auf *eine beliebige nichtolfaktorische
Fähigkeit* hin selektiert wird, die mehr Gehirnkapazität erfordert, so
nimmt die Gehirnkapazität für alle anderen Fähigkeiten parallel zu.
Seite 27   Rockel, A. J.; Hiorns, R. W.; Powell, T. P. *The Basic Unifor-
mity in Structure of the Neocortex.* In: *Brain* 103 (1980), S. 221–244.
Seite 29   Russell, B. *Philosophy.* London/New York (Norton) 1927.
Seite 29   Siehe das letzte Kapitel von Jean Piagets *Das Erwachen der
Intelligenz beim Kinde.* München (Deutscher Taschenbuch Verlag) 1992.
(Übersetzung von *La naissance de l'intelligence chez l'enfant,* 1923).
Seite 29   Barlow, H. B. in *Oxford Companion to the Mind* (1987). Siehe
auch Fatmi, H. A.; Young, R. W. *A Definition of Intelligence.* In: *Nature*
228 (1970), S. 97: »Intelligenz ist diejenige Verstandesanlage, durch die
in einer Situation, die zuvor ungeordnet erschien, Ordnung wahrgenom-
men wird.« Beachten Sie, wie nahe das der Definition der Mathematiker
für *Chaos* kommt (Ordnung inmitten scheinbarer Zufälligkeit finden).
Seite 30   Ein Kind ablenken und damit beruhigen: Sandra E. Trehub,
University of Toronto, persönliche Mitteilung (1995).

Seite 30   Michael, D. N. *Forecasting and Planning in an Incoherent Context*. In: *Technological Forecasting and Social Change* 36 (1989), S. 79–87.

Seite 32   de Waal, F. *Peacemaking Among Primates*. Cambridge, MA (Harvard University Press) 1989. [Deutsch: *Wilde Diplomaten. Versöhnung und Entspannungspolitik bei Affen und Menschen*. München (Hanser) 1991.]

Seite 32   Gould und Gould (1997), S. 174.

Seite 32   »... die Fesseln des Instinkts abzustreifen ...« Gould und Gould (1997), S. 83.

Seite 33   Guilford, J. P. *Traits of Creativity*. In: Anderson, H. H. (Hrsg.) *Creativity and its Cultivation*. London/New York (Harper) 1959, S. 142–161.

Seite 34   Verständnis von Schimpansen für verbale beziehungsweise symbolische Aufforderungen: In den Videos (1993) von Sue Savage-Rumbaugh geht es um dieses Thema. Sie wurden von BBC und NOVA unter dem Titel *Kanzi* publiziert. Zusätzlich lassen die Forscher ein Video ihrer Techniken und negativen Resultate privat zirkulieren.

Seite 35   Coren, S. *The Intelligence of Dogs: Canine Consciousness and Capabilities*. New York (Free Press) 1994, S. 114f. [Deutsch: *Die Intelligenz der Hunde*. Reinbek (Rowohlt) 1997, S. 156f.]

Seite 36   Byrne, R.; Whiten, A. (Hrsg.) *Machiavellian Intelligence: Social Expertise and the Evolution of Intellect in Monkeys, Apes and Humans*. Oxford/New York (Oxford University Press) 1988.

Seite 37   Craik, K. J. W. *The Nature of Explanation*. Cambridge (Cambridge University Press) 1943.

Seite 38   Jungvögel und Falken: siehe Eibl-Eibesfeld, I. *Grundriß der vergleichenden Verhaltensforschung – Ethologie*. München (Piper) 1986.

Seite 39   Zufallselemente in der Musik: Brian Eno, persönliche Mitteilung (1995). Ungeordnete sensorische Empfindungen, die keine Schädigung signalisieren, aber irrtümlich als schmerzhaft empfunden werden: Calvin, W. H. *The Throwing Madonna*. New York (McGraw-Hill) 1983. Wenn sich Patienten mit Multipler Sklerose oder Phantomschmerzen an Heavy-Metal-Musik gewöhnten, dann könnten sie vielleicht auch ihre ungeordneten sensorischen Empfindungen lieben lernen. Oder sie zumindest nicht als beängstigend empfinden.

Seite 40   Eiseley, L. *The Star Thrower*. New York (Times Books) 1978.

Seite 41   Neotenie wird diskutiert von Gould, S. J. *Ontogeny and Phylogeny*. Cambridge, MA (Harvard University Press) 1977, S. 177ff;, Bogin, B. *Patterns of Human Growth*. Cambridge (Cambridge University Press) 1988, S. 71; Montagu, A. *Growing Young*. New York (McGraw-

Hill) 1981 und Pough, F. H.; Heiser, J. B.; McFarland, W. N. *Vertebrate Life*. 3. Aufl., London (Macmillan) 1989, S. 68. Zu derartigen Verlagerungen im Rahmen der Domestikation siehe Coren (1997).

Seite 41   Zur Geschichte über die Japan-Makaken siehe Kapitel 3 in meinem Buch *The Throwing Madonna* (McGraw-Hill, 1983).

Seite 42   Goldman-Rakic, P. S. *Working Memory and the Mind*. In: *Scientific American* 267 (3) (September 1992), S. 73–79. [Deutsch: *Das Arbeitsgedächtnis*. In: *Spektrum der Wissenschaft* (November 1992) S. 94–102.]

Seite 43   Die Geschichte über die Orientierung von Bienen findet sich in Gould und Gould (1997).

Seite 43   Bronowski, J. *The Origins of Knowledge and Imagination*. London/New Haven (Yale University Press) 1978, S. 33.

Seite 44   »... ein Jäger, der verschiedene Möglichkeiten erwägt . . .« Ein Großteil des Jagdverhaltens von Carnivoren wird von einigen einfachen angeborenen Verhaltensweisen bestimmt, wie „die Beute einkreisen" (Hunde, die Schafe hüten, folgen demselben Trieb). Die Großkatzen verstehen gewisse Prinzipien, wie „sich gegen den Wind anschleichen", sicherlich nicht und vertreiben ihre Beute dadurch vielleicht in einer Weise, die menschliche Jäger vermeiden können. Siehe Coren (1994, deutsch 1997).

Seite 44   ». . . ein Futurologe, der drei Szenarios durchspielt. . . « siehe Schwartz, P. *The Art of the Long View*. New York/London (Doubleday) 1991 oder Joel Garreaus Artikel über das Global Business Network in WIRED 2.11 (November 1994).

Seite 45   Zu Zeiten des Rechenschiebers brachte man Schülern noch bei, das Ergebnis abzuschätzen, bevor sie ihren Schieber bewegten. Auf einem Rechenschieber läßt sich die Größenordnung nämlich nicht ablesen; 2,044 an der Zeigemarke muß noch als 0,2, 2, 20, 204 und so weiter interpretiert werden. Daher mußten sich die Schüler die Gleichung ansehen und abschätzen, ob die Antwort in der Größenordnung von Dutzenden, Hunderten oder Tausenden liegen sollte. Der Siegeszug der Taschenrechner hat diesen Schritt überflüssig gemacht, aber es bleibt eine der besten Methoden, um Irrtümern vorzubeugen. Eine moderne Anwendung ist es, auf Auslandsreisen die Preise unter Berücksichtigung des Wechselkurses im Kopf zu überschlagen.

Seite 46   Gould und Gould (1994), S. 163. [Deutsch: 1997, S. 191.]

3. Der Traum des Hausmeisters

Seite 47 Dennett, D. C. *Consciousness Explained*. Boston/London (Little, Brown) 1991, S. 21f. [Deutsch: *Philosophie des menschlichen Bewußtseins*. Hamburg (Hofmann und Campe) 1994, S. 37f.]

Seite 48 Flanagan, O. *Consciousness Reconsidered*. Cambridge, MA/ London (MIT Press) 1992. Die neuen Mystiker glauben, daß das Bewußtsein auf natürlichen Phänomenen im Gehirn basiert, es aber letztendlich ein Geheimnis bleiben wird, weil es uns kognitiv verschlossen ist; eine höhere Intelligenz könnte das alles vielleicht verstehen, nicht aber wir armen Sterblichen. Bewußtsein als quantenmechanisches Phänomen anzusehen, das wir als freien Willen und „Verstand" erleben, wie es einige tun, heißt nur, ein Rätsel durch ein anderes zu ersetzen; in dieser Erklärung finden sich keine Ansatzpunkte, die man kombinieren könnte, um die vielen Phänomene (einschließlich typischer Fehlleistungen) bewußter Erfahrung zu beleuchten.

Seite 49 Bemerkenswerte Ausnahme: Eccles, J. C. *How the Self Controls Its Brain*. Heidelberg/Berlin/New York/Tokyo (Springer-Verlag) 1994.

Seite 50 Calvin, W. H. *The Cerebral Symphony: Seashore Reflections on the Structure of Consciousness*. New York (Bantam) 1989. [Deutsch: *Die Symphonie des Denkens: wie aus Neuronen Bewußtsein entsteht*. München (Hanser) 1993.]

Seite 51 Churchland, P. M. *The Engine of Reason, the Seat of the Soul*. Cambridge, MA/London (MIT Press) 1995. [Deutsch: *Die Seelenmaschine: eine philosophische Reise ins Gehirn*. Heidelberg/Berlin (Spektrum Akademischer Verlag) 1997.]

Seite 52 Crick, F.; Koch, Ch. *The Problem of Consciousness*. In: *Scientific American* 267 (3) (September 1992), S. 152–159. [Deutsch: *Das Problem des Bewußtseins*. In: *Spektrum der Wissenschaft* (November 1992), S. 144–152.]

Seite 52 Crick, F. *The Astonishing Hypothesis*. New York (Simon & Schuster) 1994. [Deutsch: *Was die Seele wirklich ist. Die naturwissenschaftliche Erforschung des Bewußtseins*. München (Artemis) 1994 / Reinbek (Rowohlt) 1997.]

Seite 55 Gombrich, E. H. *Art and Illusion: A Study in the Psychology of Pictorial Representation*. Princeton (Princeton University Press) 1960, S. 172. [deutsch: *Kunst und Illusion. Zur Psychologie der bildlichen Darstellung*. Stuttgart/Zürich (Belser) 1986, S. 199.]

Seite 56 Meltzoff, A. N.; Moore, M. K. *Imitation of Facial and Manual Gestures by Human Neonates*. In: *Science* 198 (1977), S. 75–78. Es gibt natürlich Argumente, die dafür sprechen, daß einiges von dem, was wie Imitation erscheint, in Wirklichkeit nichts anderes ist als der Stimulus, der ein angeborenes Bewegungsmuster auslöst, siehe zum Beispiel Byrne, R. W. *The Evolution of Intelligence.* In: Slater, P. J. B.; Halliday, T. R. (Hrsg.) *Behaviour and Evolution.* Cambridge (Cambridge University Press) 1994, S. 223–265.

Seite 56   Visalberghi, E.; Riviello, M. C.; Blasetti, A. *Mirror Responses in Tufted Capuchin Monkeys* (*Cebus apella*). In: *Monitore Zoologico Italiano* 22 (1988), S. 487–556.

Seite 58   Hofstadter, D. *Metamagical Themas.* New York (Basic Books) 1985, S. 787. [Deutsch: *Metamagicum. Fragen nach Essenz von Geist und Struktur.* Stuttgart (Klett-Cotta) 1996.]

Seite 59   Mehrschichtige Stabilität: siehe Bronowski, J. *The Origins of Knowledge and Imagination.* London/New Haven (Yale University Press) 1978, S. 33.

Seite 64   James, W. *Talks to Teachers on Psychology and to Students on Some of Life's Ideals.* New York (H. Holt) 1899, S. 159.

Seite 66   Ryle, G. *The Concept of Mind.* London (Hutchinson) 1949.

Seite 70   Vorbereitung auf Bewegung als das Ziel sensorischer Empfindung ist schon lange ein Thema in der Neurophysiologie. Siehe Jennerod, M. *The Brain Machine: Development of Neurophysiological Thought.* Cambridge, MA (Harvard University Press) 1985. (Übersetzung von *Le cerveau-machine: physiologie de la volonté,* 1983).

Seite 72   Bickerton, D. *Language and Species.* Chicago (University of Chicago Press) 1990, S. 86.

4. Die Evolution intelligenter Tiere

Seite 73   Savage-Rumbaugh, S.; Lewin, R. *Kanzi: The Ape at the Brink of the Human Mind.* New York (Wiley) 1994, S. 260. [Deutsch: *Kanzi – der sprechende Schimpanse.* München (Droemer Knaur) 1995, S. 290f.]

Seite 73   Proximate und ultimate Ursache: siehe Mayr, E. *The Growth of Biological Thought.* Cambridge, MA (Harvard University Press) 1982. [Deutsch: *Die Entwicklung der biologischen Gedankenwelt.* Berlin/ Heidelberg/New York/Tokyo (Springer-Verlag) 1984, S. 56.]

Seite 74   Griffin, D. R. *Animal Thinking.* Cambridge, MA (Harvard University Press) 1984. [Deutsch: *Wie Tiere denken. Ein Vorstoß ins Bewußtsein der Tiere.* München (Deutscher Taschenbuch Verlag) 1990.]

Seite 77   Nicholas Humphreys Buch *The Inner Eye* (Faber and Faber, 1986) bietet einen guten Überblick über die Bedeutung des Soziallebens für die Ausbildung intelligenter Strukturen.

Seite 77   Galdikas, B. M. F. *Reflections of Eden: My Years with the Orangutans of Borneo.* Boston/London (Little, Brown) 1995. [Deutsch: *Meine Orang-Utans. Zwanzig Jahre unter den scheuen „Waldmenschen"
im Dschungel Borneos.* Bern/München/Wien (Scherz) 1995.]

Seite 79   Selektion im Hinblick auf sprachliche Fähigkeiten: siehe Calvin, W. H. *The Unitary Hypothesis: a Common Neural Circuitry for Novel Manipulations, Language, Plan-Ahead, and Throwing?* In: Gibson, K. R.; Ingold, T. (Hrsg.) *Tools, Language, and Human Evolution.* Cambridge (Cambridge University Press) 1993, S. 230–250. Im Internet unter **http://weber.u.washington.edu/~wcalvin/unitary.html.**

Seite 79   Humphrey, N. *Consciousness Regained.* Oxford/New York (Oxford University Press) 1984, Kapitel 2.

Seite 80   Calvin, W. H. *The Ascent of Mind: Ice Age Climates and the Evolution of Intelligence.* New York (Bantam) 1990, Kapitel 5. [Deutsch: *Der Schritt aus der Kälte. Klimakatastrophen und die Entwicklung der menschlichen Intelligenz.* München (Hanser) 1997.]

Seite 82   Allen, J. E.; Burns, M. *Cataclysms on the Columbia.* Portland (Timber Press) 1986.

Seite 84   Field, M. H.; Huntley, B.; Müller, H. *Eemian Climate Fluctuations Observed in a European Pollen Record.* In: *Nature* 371 (27. Oktober 1994), S. 779–783.

Seite 84   Broecker, W. S. *Massive Iceberg Discharges as Triggers for Global Climate Change.* In: *Nature* 372 (1. Dezember 1994), S. 421–424. Vom gleichen Autor: *Chaotic Climate.* In: *Scientific Amercian* 273 (5) (November 1995), S. 62–69. [Deutsch: *Plötzlicher Klimawechsel.* In: *Spektrum der Wissenschaft.* (Januar 1996) S. 86–92.]

Seite 85   Dansgaard, W.; Johnsen, S. J.; Clausen, H. B.; Dahl-Jensen, D.; Gundestrup, N. S.; Hammer, C. U.; Hvidberg, C. S.; Steffensen, J. P.; Svein-Bjornsdottir, A. E.; Jouzel, J.; Bond, G. *Evidence for General Instability of Past Climate From a 250-kyr Ice-Core Record.* In: *Nature* 364 (15. Juli 1993), S. 218–221.

Seite 85   Dansgaard, W.; White, W. J. C.; Johnsen, S. J. *The Abrupt Termination of the Younger Dryas Climate Event.* In: *Nature* 339 (15. Juli 1989), S. 532–535.

Seite 86   Behl, R. J.; Kennett, J. P. *Brief Interstadial Events in the Santa Barbara Basin, NE Pacific, During the Past 60 kyr.* In: *Nature* 379 (18. Januar 1996), S. 243–246.

Seite 86   Der Beginn des Eiszeitalters vor 2,51 Millionen Jahren wurde datiert von Shackleton, N. J.; Backman, J.; Zimmermann, H.; Kent, D. V.; Hall, M. A.; Roberts, D. G.; Schnitker, D.; Baldauf, J. G.; Despairies, A.; Homrighausen, R.; Huddlestun, P.; Keene, J. B.; Kaltenback, A. J.;

Krumsiek, K. A. O.; Morton, A. C.; Murray, J. W.; Westberg-Smith, J. *Oxygen Isotope Calibration of the Onset of Ice-Rafting and History of Glaciation in the North Atlantic Region*. In: *Nature* 307 (1984), S. 620–623.

Seite 86   Astronomische Eiszeit-Rhythmen infolge von Veränderungen der Sonneneinstrahlung in hohen Breiten: siehe Imbrie, J.; Imbrie, K. P. *Ice Ages*. Cambridge, MA (Harvard University Press) 1986.

Seite 90   Pinker, S. *The Language Instinct*. New York (Morrow) 1994, S. 363. [Deutsch: *Der Sprachinstinkt. Wie der Geist die Sprache bildet.* München (Kindler) 1996, S. 423.]

Seite 92   Bower, G. H.; Morrow, D. G. *Mental Models in Narrative Comprehension*. In: *Science* 247 (1990), S. 44–48.

Seite 92   Birkerts, S. *The Gutenberg Elegies: The Fate of Reading in an Electronic Age*. London (Faber and Faber) 1994, S. 84. [Deutsch: *Die Gutenberg-Elegien: Lesen im elektronischen Zeitalter.* Frankfurt (S. Fischer) 1997, S. 116f.]

5.   Intelligenz macht einen Satz

Seite 95   Bickerton, D. *Language and Species*. Chicago (University of Chicago Press) 1990, S. 157.

Seite 96   Sacks, O. *Seeing Voices*. Berkeley (University of California Press) 1989, S. 40–44. [Deutsch: *Stumme Stimmen. Reise in die Welt der Gehörlosen.* Reinbek (Rowohlt) 1992, S. 68f., 75.]

Seite 98   Kuhl, P. K.; Williams, K. A.; Lacerda, F.; Stevens, K. N.; Lindblom, B. *Linguistic Experience Alters Phonetic Perception in Infants by 6 Months of Age*. In: *Science* 255 (31. Januar 1992), S. 606–608.

Seite 98   Lautäußerungen von Vervet-Meerkatzen: siehe Seyfarth, R. M. *Vocal Communication and its Relation to Language*. In: Smuts, B. M. et al. (Hrsg.) *Primate Societies*. Chicago (University of Chicago Press) 1986, S. 440–451.

Seite 100   Bienentanz als Sprache: vergleiche Gould, J. L.; Gould, C. G. *The Animal Mind*. New York (Scientific American Library) 1994 [deutsch: *Bewußtsein bei Tieren.* Heidelberg/Berlin (Spektrum Akademischer Verlag) 1997] mit Wenner, A. M.; Meade, D.; Friesen, L. J. *Recruitment, Search Behavior, and Flight Ranges of Honey Bees*. In: *American Zoologist* 31 (6) (1991), S. 768–782.

Seite 100   Bickerton (1990), Auszug von Seite 15f.

Seite 101   Coren, S. *The Intelligence of Dogs: Canine Consciousness and Capabilities*. New York (Free Press) 1994, S. 114f. [Deutsch: *Die Intelligenz der Hunde*. Reinbek (Rowohlt) 1997, S. 156f.]

Seite 101   Savage-Rumbaugh, S.; Murphy, J.; Sevick, R. A.; Brakke, K. E.; Williams, S. L.; Rumbaugh, D. *Language Comprehension in Ape and Child*. (Monographs of the Society for Research on Child Development 58 (3)). Chicago (University of Chicago Press) 1993.

Seite 103   Savage-Rumbaugh, S.; Lewin, R. *Kanzi: The Ape at the Brink of the Human Mind*. New York (Wiley) 1994, S. 60. [Deutsch: *Kanzi – der sprechende Schimpanse*. München (Droemer Knaur) 1995.]

Seite 103   Jackendoff, R. *Patterns in the Mind: Language and Human Nature*. New York (Basic Books) 1994, S. 138.

Seite 104   Bonobos, die Regeln erfinden: siehe Savage-Rumbaugh und Lewin (1994, deutsch 1995).

Seite 105   Jackendorff (1994), S. 14.

Seite 107   Rumbaugh, D. M., persönliche Mitteilung (1995).

Seite 109   Die Schwierigkeiten von Einwanderern untersuchten Johnson, J. S. und Newport, E. L. *Critical Period Effects in Second Language Learning: The Influence of Maturational State on the Acquisition of English as a Second Language*. In: *Cognitive Psychology* 21 (1989), S. 60–90.

Seite 111   Bickerton (1990), S. 55f.

Seite 113   Bickerton (1990), S. 60f.

Seite 115   Bickerton (1990), S. 66.

Seite 115   Zur Frage des Sprachverständnisses siehe Savage-Rumbaugh et al. (1993).

Seite 117   Savage-Rumbaugh und Lewin (1994, deutsch 1995).

Seite 130   Morton, K. *The Story-Telling Animal*. In: *New York Times Book Review* (23. Dezember 1984), S. 1f. [Zitiert nach Calvin, W. *Die Entstehung von Intelligenz*. In: *Leben und Kosmos. Spektrum der Wissenschaft* Spezial 3, 1994.]

Seite 131   Savage-Rumbaugh und Lewin (1994, S. 264; deutsch 1995, S. 294f).

Seite 132   Bickerton (1990), S. 257.

6. Evolution im Handumdrehen

Seite 133   Mill, J. S. *Auguste Comte and Positivism* (1865).

Seite 135   Chunking: siehe Simon, H. A. *Models of Thought*. London/ New Haven (Yale University Press) 1979, S. 41.

Seite 135   Miller, G. A. *The Magical Number Seven, Plus or Minus Two: Some Limits on Our Capacity for Processing Information.* In: *Psychological Reviews* 63 (1956), S. 81–97.
Seite 136   Chunking und das Kurzeitgedächtnis: siehe Lieberman, P. *Uniquely Human: The Evolution of Speech, Thought, and Selfless Behaviour.* Cambridge, MA (Harvard University Press) 1991, S. 82.
Seite 138   Darwin, Ch. *The Origin of Species.* London (John Murray) 1859, S. 137. [Deutsch: *Die Entstehung der Arten durch natürliche Zuchtwahl.* Stuttgart (Reclam) 1963.]
Seite 141   Auch Spucken ist ballistisch. Genau dieselben Probleme mit der langsamen Rückkopplung treten beim Sprechen vieler kurzer Wörter auf: Sie können das Ende eines Wortes nicht modifizieren, wenn Ihre Zunge über die erste Silbe stolpert. Wörter können ebenfalls ballistisch sein, wenn sie eher hervorgestoßen als langsam herausgerollt werden. Die Feedbackschleife von den Lippen-Propriorezeptoren beträgt etwa 70 Millisekunden.
Seite 141   Die Größe des Start- oder Wurffensters gibt im Grunde den zulässigen Fehler an, die Spanne, um die der Zeitpunkt des Loslassen schwanken darf, ohne daß das Ziel deshalb verfehlt wird.
Seite 142   „Herausmitteln" meint eine Mitteilung des Ensembles anstatt der üblichen zeitlichen Mitteilung, und „sich um seine eigenen Angelegenheiten kümmern" heißt, daß jedes Neuron eine unabhängige Rauschquelle ist, solange das Rauschen eines jeden Neurons statistisch unabhängig vom Rauschen der anderen ist. Damit sind wir beim Gesetz der großen Zahlen, siehe beispielsweise Calvin, W. H. *A Stone's Throw and its Launch Window: Timing Precision and its Implications for Language and Hominid Brains.* In: *Journal of Theoretical Biology* 104 (1983), S. 121–135. In meinem Buch *The Ascent of Mind* (1990) [deutsch: *Der Schritt aus der Kälte* (1997)] ist in den letzten Kapiteln die modernere Argumentation für die Hypothese dargestellt.
Seite 144   Darwin, Ch. *The Expression of the Emotions in Man and Animals.* London (John Murray) 1872. [Deutsch: *Der Ausdruck der Gemüthsbewegungen bei dem Menschen und den Thieren.* Stuttgart 1872. Reprint bei Greno, Nördlingen, 1986.] Das Zitat stammt aus Ridley, M. (Hrsg.) *The Darwin Reader.* London/New York (Norton) 1987, S. 177.
Seite 144   „Präfrontal" ist ein schreckliches Wort. Was damit bezeichnet werden soll, ist, grob gesagt, der Teil des Frontallappens vor dem prämotorischen Cortex, das heißt, der prämotorische Frontallappen.
Seite 145   Eslinger, P. J.; Damasio, A. R. *Severe Disturbances of Higher Cognition After Bilateral Frontal Lobe Ablation: Patient E. V. R.*

In: *Neurology* 35 (1985), S. 1731–1741. Für eine ausführlichere Diskussion siehe Damasios Buch *Descartes' Error* (Putnam's, 1995). [Deutsch: *Descartes' Irrtum. Fühlen, Denken und das menschliche Gehirn.* München (List) 1995.]

Seite 146   Kimura, D. *Sex Differences in the Brain.* In: *Scientific American* 267 (3) (September 1992), S. 118–125. [Deutsch: *Weibliches und männliches Gehirn.* In: *Spektrum der Wissenschaft* (November 1992) S. 104–113.]

Seite 146   Ojemann, G. A. *Electrical Stimulation and the Neurobiology of Language.* In: *Behavioral and Brain Science* 6 (1983), S. 221–226. Siehe auch Calvin, W. H.; Ojemann, G. A. *Conversations With Neil's Brain: The Neural Nature of Thought and Language.* Reading, MA (Addison-Wesley) 1994. [Deutsch: *Einsicht ins Gehirn: wie Denken und Sprache entstehen.* München (Hanser) 1995.]

Seite 148   Frost, R. In: Cox, H.; Lathem, E. C. (Hrsg.) *Selected Prose of Robert Frost.* New York (Collier) 1986, S. 33–46.

Seite 149   Der Auszug stammt aus der englischen Übersetzung von Umberto Ecos Kolumne „La bustina di Minerva", die in der italienischen Wochenzeitung *Espresso* (30. September 1994) erschienen ist.

Seite 150   Craik, K. J. W. *The Nature of Explanation.* Cambridge (Cambridge University Press) 1943, S. 61.

Seite 152   Die Darwin-Maschinen-Terminologie ging der Liste der sechs Kriterien voran: Calvin, W. H. *The Brain as a Darwin Machine.* In: *Nature* 330 (5. November 1987), S. 33f.

Seite 152   Meine sechs Kriterien unterscheiden sich eigentlich nicht sehr von den dreien, die Alfred Russel Wallace 1875 auflistete (». . . die bekannten Gesetze von Variation, Multiplikation und Vererbung . . . reichen wahrscheinlich aus. . .«), nur daß ich das Muster, den Wettstreit um Arbeitsraum und die Beeinflussung durch Umweltfaktoren betone. Siehe Wallaces *The Limits of Natural Selection as Applied to Man.* In: *Contributions to the Theory of Natural Selection.* London (Macmillan) 1875, Kapitel 10. Siehe auch die Anwendung darwinistischer Prinzipien in den Computerwissenschaften: „Genetische Algorithmen" findet man bei Holland, J. H. *Adaptation in Natural and Artificial Systems.* Cambridge, MA/London (MIT Press), 1992.

Seite 157   Notenlinienanalogie: Da Neuronen nicht aufgereiht sind wie die Tasten eines Klaviers, stimmt die Notenlinienanalogie nicht ganz. Eine Laufschrift (oder ein Computerdisplay von 14 x 14 Pixeln) kommt der Sache wahrscheinlich näher, wobei die „Melodie" als belebter abstrakter Cartoon betrachtet wird, der sich auf dem kleinen Schirm abspielt.

Seite 157 Hebb, D. O. *The Organization of Behavior.* New York (Wiley), 1949. Siehe Milner, P. M. *The Mind and Donald O. Hebb.* In: *Scientific American* 268 (1) (Januar 1993), S. 124–129. [Deutsch: *Donald O'Hebb und der menschliche Geist.* In: *Spektrum der Wissenschaft* (November 1992) S. 54–60.]
Seite 158 Thomas, L. *The Medusa and the Snail.* London/New York (Viking) 1979, S. 154. [Deutsch: *Die Meduse und die Schnecke. Gedanken eines Biologen über die Mysterien von Mensch und Tier.* Köln (Kiepenheuer & Witsch) 1981, S. 149.]
Seite 159 Während die *Langzeit*potenzierung (LTP) nach einem Prozeß benannt wurde, der viele Tage im Hippocampus andauert, hält der Prozeß im Neocortex offenbar nur rund fünf Minuten an (siehe unten Iriki et al., [1991]), was die LTP mitten in den Bereich der *Kurzzeit*-Gedächtnisprozesse plaziert. Sie könnte natürlich länger anhaltende Komponenten aufweisen, die über anatomische Veränderungen hinsichtlich Zahl und Kontaktfläche synaptischer Endknöpfe das Gerüst für eine dauerhaftere Veränderung der synaptischen Verstärkungen liefern.
Seite 159 Rosenfield, I. *The Strange, Familiar, and Forgotten: An Anatomy of Consciousness.* New York (Knopf) 1992, S. 78. [Deutsch: *Das Fremde, das Vertraute und das Vergessene: Anatomie des Bewußtseins.* Frankfurt (S. Fischer) 1992, S. 103.]
Seite 160 Die eindrucksvollsten raumzeitlichen Muster in der Großhirnrinde findet man bei Vaadia, E.; Haalman, I.; Abeles, M.; Bergman, H.; Prut, Y.; Slovin, H.; Aertsen, A. *Dynamics of Neuronal Interactions in Monkey Cortex in Relation to Behavioural Events.* In: *Nature* 373 (9. Februar 1995), S. 515–518. Zum Thema Massenaktion im Nervensystem und Auftreten von raumzeitlichen Musterungen, siehe Freeman, W. J. *Societies of Brains.* Hove (Erlbaum) 1995.
Seite 161 Hobson, J. A. *The Chemistry of Conscious States: How the Brain Changes its Mind.* Boston/London (Little, Brown) 1994.
Seite 163 Bower, G. H.; Morrow, D. G. *Mental Models in Narrative Comprehension.* In: *Science* 247 (1990), S. 44–48.
Seite 163 Bickerton, D. *Language and Species.* Chicago (University of Chicago Press) 1990, S. 249.

7. Intelligentes Handeln aus einfachen Ursprüngen

Seite 165 Kant, I. *Kritik der reinen Vernunft* (1787). Werke in zehn Bänden (hrsg. von W. Weischedel). Darmstadt (Wissenschaftliche Buchgesellschaft) 1956, Bd. 3, S. 190.

Seite 165   Carroll, L. *Alice's Adventures in Wonderland.* London
(Macmillan) 1865. [deutsch: *Alice im Wunderland.* Frankfurt am Main
(Insel) 1963.]

Seite 166   Wenn Sie genügend mit Neurophysiologie und cerebralen
Schaltkreisen vertraut sind und mehr über die angesprochenen Themen
wissen wollen, können Sie zu meinem Buch *The Cerebral Code* greifen.
Den Hintergrund liefern Calvin, W. H. *Islands in the Mind: Dynamic
Subdivisions of Association Cortex and the Emergence of a Darwin
Machine.* In: *Seminars in the Neurosciences* 3 (5) (1991), S. 423–433,
und Calvin, W. H. *The Emergence of Intelligence.* In: *Scientific American*
271 (4) (Oktober 1994), S. 100–107 (auch in *Leben und Kosmos.*
Spektrum der Wissenschaft Spezial 1995, erschienen – die Sechseckfigur
ist ein redaktioneller Fehler; ignorieren Sie sie einfach oder schauen Sie
sich auf der Web-Seite **http://weber.u.washington.edu/~wcalvin/**
sciamer.html die korrekte Version an).

Seite 167   Dieser Abriß der corticalen Neuroanatomie ist notwendigerweise kurz; eine etwas ausführlichere Darstellung von Zellen, Schaltkreisen, Neurotransmittern und Verrechnung findet sich in Kapitel 6 von
Calvin, W. H. und Ojemann, G. A. *Conversations With Neil's Brain: The
Neural Nature of Thought and Language.* Reading, MA (Addison-
Wesley) 1994. [Deutsch: *Einsicht ins Gehirn: wie Denken und Sprache
entstehen.* München (Hanser) 1995.]

Seite 170   Konvergenzzonen: siehe Damasio, A. R. *Time-Locked
Multiregional Retroactivation: A Systems-Level Proposal for the Neural
Substrates of Recall and Recognition.* In: *Cognition* 33 (1989),
S. 25–62.

Seite 172   Dies ist eine Kurzversion der Story von den corticalen
Säulen. Siehe auch Calvin, W. H. *Cortical Colums, Modules, and
Hebbian Cell Assemblies.* In: Arbib, M. A. (Hrsg.) *Handbook of Brain
Theory and Neural Networks.* Cambridge, MA/London (MIT Press)
1995, S. 269–272.

Seite 177   Für ein Muster heißt „immer dasselbe bedeuten", selbst
wenn es von anderen Elementen dargestellt wird, einfach, daß es noch
immer in der Lage ist, sich zu kopieren und an den anderen Prozessen
teilzunehmen, die schließlich zum charakteristischen Output-Muster
führen, wie zum Beispiel ein Substantiv aussprechen.

Seite 180   NMDA ist *N*-Methyl-D-Aspartat; die Verbindung ist sogar
noch wirksamer als Glutamat, wenn es darum geht, diese Ionenkanäle zu
öffnen, obgleich das gute alte Glutamat das ist, was die Zelle bei der
synaptischen Übertragung benutzt. NMDA-Kanäle wurden in den Tagen
benannt, als man noch annahm, es gebe nur wenige Rezeptortypen und

man sie nach ihrem damals besten Agonisten bezeichnete. Nun gibt es so viele, daß man Seriennummern benutzt.

Seite 180   Iriki, A.; Palvides, C.; Keller, A.; Asanuma, H. *Long-Term Potentiation of Thalamic Input to the Motor Cortex Induced by Coactivation of Thalamocortical and Corticocortical Afferents.* In: *Journal of Neurophysiology* 65 (1991) S. 1435–1441.

Seite 181   Gedächtnisklassifikationen und ihre verwirrende Terminologie werden in Kapitel 7 von Calvin und Ojemann (1994, deutsch 1995) erklärt.

Seite 182   Lund, J. S.; Yoshioka, T.; Levitt, J. B. *Comparison of Intrinsic Connectivity in Different Areas of Macaque Monkey Cerebral Cortex.* In: *Cerebral Cortex* 3 (März/April 1993), S. 148–162.

Seite 185   »Eingangssignale von den umliegenden Nachbarzellen...« tatsächlich nicht von direkten Nachbarn, sondern von Stimmen, die rundum etwa sechzehn Sänger weiter entfernt erschallen. Es wäre interessant, einen großen Chor mit geeignet verdrahteten Gegensprechanlagen zu untersuchen; Ihr Kopfhörer würde dann zum Beispiel sechs Inputs, gemischt aus den Mikrophonen genau dieser Sänger, empfangen.

Seite 185   Somers, D.; Kopell, N. *Rapid Synchronization Through Fast Threshold Modulation.* In: *Biological Cybernetics* 68 (1993), S. 393–407. Siehe auch Enright, J. T. *Temporal Precision in Circadian Systems: A Reliable Neuronal Clock From Unreliable Components.* In: *Science* 209 (1980), S. 1542–1544.

Seite 189   McGuire, B. A.; Gilbert, C. D.; Rivlin, P. K.; Wiesel, T. N. *Targets of Horizontal Connections in Macaque Primary Visual Cortex.* In: *Journal of Comparative Neurology* 305 (1991), S. 370–392. Siehe auch Gilbert, C. D. *Circuitry, Architecture, and Functional Dynamics of Visual Cortex.* In: *Cerebral Cortex* 3 (1993), S. 373–386.

Seite 190   Calvin, W. H. *Error-Correcting Codes: Coherent Hexagonal Copying From Fuzzy Neuroanatomy.* In: *World Congress on Neural Network* 1 (1993), S. 101–104.

Seite 194   Aus all den Dreieck-Anordnungen ein hexagonales Einheitsmuster machen: Das ist nur möglich, wenn die einzelnen Dreieck-Anordnungen parallel zueinander liegen. Diejenigen, die Farben repräsentieren, sind glücklicherweise in den Farbblobs verankert und können keine beliebigen Orientierungen annehmen.

Seite 196   Herrigel, E. *Zen in der Kunst des Bogenschießens.* 30. Aufl., München (Scherz) 1990, S. 47.

Seite 207   Konner, M. In: Reynolds, R.; Stone, J. (Hrsg.) *On Doctoring: Stories, Poems, Essays.* New York (Simon & Schuster) 1991.

8. Übermenschliche Intelligenz

Seite 209   Raven, C. E. *The Creator Spirit.* Cambridge, MA (Harvard University Press) 1928.

Seite 211   Coleridge, T. S. *Biographia Literaria* (1817), Kapitel 14.

Seite 212   Steiner, G. *Has Truth a Future?* (Bronowski Memorial Lecture) (1978); wieder abgedruckt in Dixon, B. (Hrsg.) *From Creation to Chaos.* Oxford (Basil Blackwell Ltd.) 1989.

Seite 213   Penrose, R. *Shadows of the Mind: A Search for the Missing Science of Consciousness.* Oxford/New York (Oxford University Press) 1994. [Deutsch: *Schatten des Geistes. Wege zu einer neuen Physik des Bewußtseins.* Heidelberg/Berlin (Spektrum Akademischer Verlag) 1995, S. 473.] Siehe für weitere Kommentare von Wissenschaftlern und Philosophen Kapitel 14 in Brockman, J. (Hrsg.) *The Third Culture.* New York (Simon & Schuster) 1995. [Deutsch: *Die dritte Kultur.* München (Goldmann/btb) 1996.]

Seite 214   Die Vorstellung aufgreifend, über Synchronisation könnten die verschiedenen Aspekte der Analyse an eine Hirnstruktur gebunden werden, haben einige Autoren Quantenfelder als Erklärung für eine Bindung aus dem Hut gezogen. Ich frage mich, ob das nicht eine Lösung auf der Suche nach einem Problem ist. Wenn die Bewußtseins-Physiker ihren Vorschlag ernst meinten, dann würden sie alternative Wege untersuchen, um Synchronizität zu erreichen – davon gibt es unzählige –, und dann erklären, warum ihre Erklärung einfacheren Erklärungen vorzuziehen ist.

Seite 214   Diskussionen über die einheitliche Natur unserer bewußten Erfahrung finden sich in Calvin, W. H.; Graubard, C. *Styles of Neuronal Computation.* Kapitel 29 in Schmitt, F. O.; Worden, F. G. (Hrsg.) *The Neurosciences, Fourth Study Program.* Cambridge, MA/London (MIT Press) 1979, S. 513–524.

Seite 215   Lehmann-Haupt, C. *Can Quantum Mechanics Explain Consciousness?* In: *New York Times* (31. Oktober 1994), S. B2.

Seite 215   Ich habe den Begriff „Darwin-Maschine" als allgemeine mechanistische Metapher für darwinistische Prozesse geprägt, die Komplexität schaffen (*Nature*, 5. November 1987), und Henry Plotkin benutzt den Begriff in seinem Buch über evolutionäre Epistemologie, *Darwin Machines* (Harvard University Press, 1994), auch tatsächlich in diesem Sinne. Meine Vorschläge für Klonierungswettbewerbe im Neocortex sind nur ein Spezialfall einer Darwin-Maschine.

Seite 218   Calvin, W. H. *The Antecedents of Consciousness: Evolving the ‚Intelligent' Ability to Stimulate Situations and Contemplate the*

Consequences of Novel Courses of Action. In: Heidmann, J.; Klein, M. J. (Hrsg.) *Bioastronomy: The Exploration Broadens.* Reihe: Lecture Notes in Physics. Heidelberg/Berlin/New York/Tokyo (Springer-Verlag) 1991, S. 311–319.

Seite 218   Ballistische Wurfbewegungen: siehe Jennerod, M. *The Brain Machine: The Development of Neurophysiological Thought.* Cambridge (Harvard University Press) 1985 (Übersetzung von *Le cerveau-machine: physiologie de la volonté,* 1983) und, für andere Körper-Gehirn-Wechselbeziehungen, Damasio (1994).

Seite 222   Einige Beispiele dafür, was ich mit gefährlichen Neuerungen meine, finden sich in Diskussionen über manisch-depressive Erkrankungen, wie in Jamison, K. R. *Touched with Fire: Manic-Depressive Illness and the Artistic Temperament.* New York (Free Press) 1993, und in ihrer Autobiographie *An Unquiet Mind: A Memoir of Moods and Madness.* New York (Knopf) 1995. [Deutsch: *Meine ruhelose Seele. Die Geschichte einer Depression.* München (Bertelsmann) 1997.]

Seite 223   Gould, S. J. *The Flamingo's Smile.* London/New York (Norton) 1985, S. 431. [Deutsch: *Das Lächeln des Flamingos. Betrachtungen zur Naturgeschichte.* Basel/Boston/Berlin (Birkhäuser) 1989.]

Seite 225   Mandel, T. F., siehe Links auf der Webseite **http://weber.u.washington.edu/~wcalvin/mandel.html.**

Seite 225   Minsky, M. *Will Robots Inherit the Earth?* In: *Scientific American* 271 (4) (Oktober 1994), S. 108–113.

Seite 227   Wiener, N. *The Human Use of Human Beings: Cybernetics and Society.* Boston/Abington (Houghton Mifflin) 1950. [Deutsch: *Mensch und Menschmaschine: Kybernetik und Gesellschaft.* Frankfurt (Metzler) 1972.]

Seite 227   Leopold, A. *Sand County Almanac.* Oxford/New York (Oxford University Press) 1949, S. 190. [Deutsch: *Am Anfang war die Erde.* München (Knesebeck) 1992.]

Seite 228   Drucker, P. F. *The Age of Social Transformation.* In: *The Atlantic Monthly* 274 (5) (November 1994), S. 53.

Seite 233   Colinvaux, P. *The Fates of Nations.* London/New York (Penguin) 1982.

Seite 235   Thomas, L. *The Medusa and the Snail.* London/New York (Viking) 1979, S. 175. [Deutsch: *Die Meduse und die Schnecke. Gedanken eines Biologen über die Mysterien von Mensch und Tier.* Köln (Kiepenheuer & Witsch) 1981, S. 166f.]

Index